科学与中国

十年辉煌 光耀神州

新材料科学技术集

白春礼 主编

图书在版编目(CIP)数据

科学与中国：十年辉煌 光耀神州(10集)/白春礼主编. —北京：北京大学出版社，2012.10

ISBN 978-7-301-21103-8

I. 科… II. 白… III. ① 科技发展−成就−中国 ② 技术革新−成就−中国 IV. ① N12 ② F124.3

中国版本图书馆CIP数据核字(2012)第189567号

书　　　名：	科学与中国——十年辉煌 光耀神州(10集)
著作责任者：	白春礼　主编
丛 书 策 划：	周雁翎
丛 书 主 持：	陈　静
责 任 编 辑：	陈　静　李淑方　于　娜　郭　莉
	邹艳霞　刘　军　唐知涵　周雁翎
标 准 书 号：	ISBN 978-7-301-21103-8/G·3485
出 版 发 行：	北京大学出版社　　新浪官方微博：@北京大学出版社
地　　　址：	北京市海淀区成府路205号　100871
网　　　址：	http://cbs.pku.edu.cn
电　　　话：	邮购部 62752015　发行部 62750672
	编辑部 62767857　出版部 62754962
电 子 信 箱：	zyl@pup.pku.edu.cn
印　刷　者：	北京中科印刷有限公司
经　销　者：	新华书店
	650毫米×980毫米　16开本　200印张　1690千字
	2012年10月第1版　2013年5月第2次印刷
定　　　价：	860.00元(10集)

未经许可，不得以任何方式复制或抄袭本书之部分或全部内容。

版权所有，侵权必究

举报电话：010-62752024　电子信箱：fd@pup.pku.edu.cn

编委会名单

主　编　白春礼

委　员（以姓氏笔画为序）

　　　　王　宇　　王延觉　　石耀霖　　叶培建　　戎嘉余
　　　　朱　荻　　朱邦芬　　朱雪芬　　刘嘉麒　　安耀辉
　　　　孙德立　　李　灿　　吴一戎　　何积丰　　张　杰
　　　　张启发　　陈凯先　　陈建生　　周其凤　　南策文
　　　　侯凡凡　　郭光灿　　曹效业　　康　乐

秘书处

　　　　周德进　　王敬泽　　刘春杰　　曾建立　　李　楠
　　　　邱成利　　刘　静　　李　芳　　欧建成　　丁　颖
　　　　赵　军　　谢光锋　　林宏侠　　马新勇　　申倚敏
　　　　张家元　　傅　敏　　向　岚　　高洁雯

序　言

　　十年前，由中国科学院牵头策划，并联合中共中央宣传部、教育部、科学技术部、中国工程院和中国科学技术协会共同主办的"科学与中国"院士专家巡讲活动拉开了帷幕。这项活动历经十载，作为我国的一项高端科普品牌活动，得到了广大院士和专家的积极响应，以及社会公众的广泛支持和热烈欢迎。十年来，巡讲团举办科普报告800余场，涉及科技发展历史回顾、科技前沿热点探讨、科学伦理道德建设、科技促进经济发展、科技推动社会进步等五个方面，取得了良好的社会反响，在弘扬科学精神、普及科学知识、传播科学思想、倡导科学方法等方面作出了突出的贡献。

　　"科学与中国"院士专家巡讲团由一大批著名科学家组成，阵容强大，演讲内容除涉及自然科学领域外，还触及科学与经济、社会发展等人文领域，重点针对"气候与环境"、"战略性新兴产业"、"科学伦理道德"、"振兴老工业基地"、"疾病传染与保健"等社会关注的焦点问题和世界科技热点,精心安排全国各地的主题巡讲活动。同时,该活动还结合学部咨询研究和地方科技服务等工作开展调查研究,扩大巡讲实效。近年来,巡讲团针对不同人群的需要,创新开展活动的组织形式,分别在科技馆和党校开辟了面向社会公众和公务员的"科学讲坛"科普阵地,举办了资深院士与中小学生"面对面"对话交流活动。这些活动的实施在激励青少年学生成长成才和献身科学事业、培养广大领导干部科学思维与科学决策、引导社会公众全面正确认识科学技术等方面都起到了积极作用。如今,"科学与中国"院士专家巡讲活动已经成为我国高层次的科学文化传播活动,是科学家与公众的交流桥梁,是科学真谛与求知欲望紧密联结的纽带,是传播科学的火种。

科技创新,关键在人才,基础在教育。进入21世纪以来,世界科技发展势头更加迅猛,不断孕育出新的重大突破,为人类社会的发展勾勒出新的前景,世界政治、经济和安全格局正在发生重大变化。随着人类文明在全球化、信息化方面的进一

序 言

步发展，国家间综合国力的竞争聚焦于科技创新和科技制高点的竞争，竞争的重点在人才，基础在教育。胡锦涛同志在2006年全国科学技术大会上曾经指出，要"创造良好环境，培养造就富有创新精神的人才队伍"。是否能源源不断地培养出大批高素质拔尖创新人才，直接关系到我国科技事业的前途和国家、民族的命运。由于历史的原因，作为一个人口大国，我国公众整体科学素养水平相对较低，此外，由于经济、社会发展不均衡，公众科学素养存在很大的城乡差别、地区差别、职业差别。所以，我国的科普工作作为公众科学教育的重要环节，面临着更加复杂的环境。中国科学院应当充分发挥自身的资源优势，动员和组织广大院士和科技专家以多种形式宣传科技知识，传播科学理念，积极开展科普活动，把传播知识放在与转移技术同样重要的位置，为培育高素质创新人才创造良好的环境条件并作出应有的贡献。

中国科学院学部联合社会力量共同开展高端科普工作的积极意义，不仅在于让公众了解自然科学知识，更在于提高公众对前沿科技的把握，特别是加深其对科学研究本身的思想、方法、精神、价值、准则的理解,这是对大中小学课程和社会公众再教育的重要补充。只有让公众理解科学,才能聚集宏大的人才队伍投身于科技创新事业,才能迸发持续不断的创新源泉,凝结为创新成果。

我们向社会公开出版院士专家的演讲报告文集,希望读者能够通过仔细阅读,深度体会科学家们的科学思想和科学方法,感受质疑、批判等科学精神和科学态度,理解科技的道德和伦理准则,把握先进文化和人类文明的发展方向,并在实际工作和社会生活中切实加以体会和运用。这也是中国科学院学部科学引导公众、支撑国家科学发展的职责之所在。

是为序。

2012年春

目 录

白春礼：化学与纳米科学技术 / 1

李家明：科学研究的乐趣 / 33

严东生：关于人口、自然资源、环境及可持续发展的一些问题 / 49

李依依：世纪材料的思考 / 65

师昌绪：材料的过去、现在与未来 / 89

赵玉芬：现代化学前沿 / 137

戴立信：有机化学与社会 / 173

闵恩泽：从石化催化技术开发案例探寻自主创新之路 / 201

化学与纳米科学技术

白春礼

一、中国化学会和中国科学院的化学学部
二、不断发展的中国化学学科
三、中国的纳米化学和纳米材料

【作者简介】白春礼,物理化学家,辽宁丹东人,满族。1978年毕业于北京大学化学系。1981年获中国科学院研究生院硕士学位,1985年获博士学位。1997年当选为第三世界科学院院士。1997年当选为中国科学院院士。中国科学院院长,化学研究所研究员。先后从事过高分子催化剂的结构与物性、有机化合物的X射线晶体结构、分子力学和导电高聚物的EXAFS等研究。从20世纪80年代中期开始转入到新兴的前沿领域——扫描隧道显微学的研究。研制成功扫描探针显微镜(SPM)系列。带领科研人员利用SPM系统地研究了一些有机材料和生物材料的表面结构和性能，并在纳米科技方面有开创性的贡献。在德国Springer出版公司和科学出版社等出版了多部中、英文著作。

化学与纳米科学技术

纳米科技是一个非常新兴的科技领域,有很丰富的内容。本文主要介绍一下化学在中国的进展,化学在中国的发展历程,包括中国化学会和中国科学院的化学学部,同时介绍一下化学在材料、纳米科技方面的一些简单的情况。本文分成三个部分:第一部分介绍中国化学会和中国科学院的化学学部;第二部分介绍不断发展的中国化学学科,即它的发展历程,这与我们这次"科学与中国"报告团的主题相符;第三部分介绍中国的纳米化学和纳米材料。

一、中国化学会和中国科学院的化学学部

中国化学会是中国化学工作者自愿组成并依法登记的一个学术性、公益性的法人社会团体,它也是中国科协的一个组成部分,是我国发展化学科学技术的重要的社会力量。它的任务是团结、组织全国化学工作者,促进我国化学学科、化学技术的普及、推广、繁荣与发展,提高社会成员的科学素养,促进人才的成长,发挥化学在促进国民经济持续发展和高新技术当中的作用,为使我国化学科学跻身于国际先进行列而不懈努力。

中国化学会是1932年8月4日在南京成立的,当时在南京召开了一个化学研讨会,共有45位代表参加。当初化学会成立的宗旨是"要联络国内外化学家共图化学

中国化学会简史

中国化学会于1932年8月4日在南京成立。发起人是参加南京化学讨论会的45位代表。中国化学会是由我国化学家自愿组成的学术团体,初期以"联络国内外化学家共图化学在中国之发展"为宗旨。第一届理事会由陈可忠、陈裕光、丁嗣贤、曾昭抡、王进、姚万年、郑贞文、吴承洛、李运华9人组成。首任会长陈裕光,会计王进,会记吴承洛,曾昭抡、陈裕光、吴承洛、曾昭抡、张洪沅、范旭东先后任会长,吴承洛、高济宇先后任书记,总干事(即秘书长)到1948年为止,共选举产生了16届理事会。到1948年,会员发展到3115人,团体会员155个,地方分会29个。

▲图1 中国化学会发起人合影

此照片摄于1932年8月5日在南京召开化学讨论会期间

化学与纳米科学技术

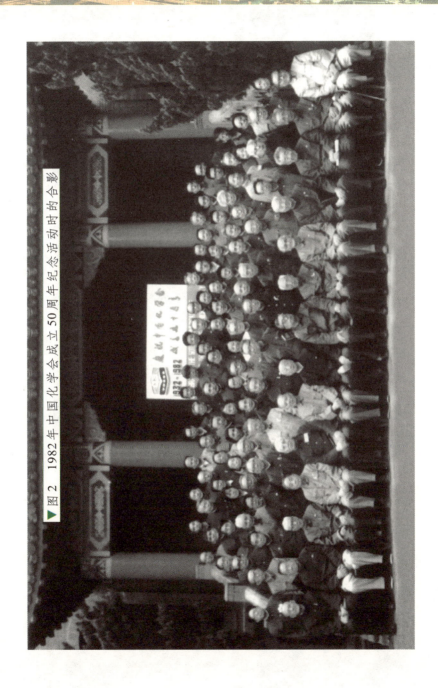

图2　1982年中国化学会成立50周年纪念活动时的合影

▲图 3　中国化学会历任理事长

在中国之发展"。第一届理事会由陈可忠、陈裕光、丁嗣贤、曾昭抡、王进、姚万年、郑贞文、吴承洛、李运华9人组成,首任会长是陈裕光。到1948年,中国化学会会员已经发展到3115个人,团体会员有155个,同时有29个地方分会。图1是1932年8月5日召开化学讨论会时各发起人的合影。

图2是1982年中国化学会成立50周年纪念活动时候的一个合影,在这张照片当中,我们可以看到很多老一辈的化学家。

图3是中国化学会历任理事长,以前的化学会是一次选举出四个理事长,四人轮流担任,每人一年。近几年根据中国科协规章的规定,我们改变了这种选举办法,每次只选举出一位理事长,几位副理事长,四年选举

▲图4 中国化学会最早创办的一些刊物

一次。

图4是中国化学会最早创办的一些刊物,比如《化学》、《化学通讯》等。从外观上看,这些刊物不像现在办的刊物这么漂亮,但是它们记录了中国化学发展的历程。

二、不断发展的中国化学学科

新中国化学的发展分为四个阶段:第一个阶段是从1949年到1955年,这可以说是新中国化学学科的创建时期;第二个阶段是从1956年到1966年;第三个阶段是"文革"时期;第四个阶段是20世纪70年代后期,特别是从党的十一届三中全会以后到现在,这是我国化学研究全面恢复和发展的时期。从20世纪90年代开始,中国化学发展逐渐与世界前沿化学研究接轨。

在第一阶段中,在有机化学方面,主要是利用我国的生物资源来开展天然产物化学的研究,尤其是中草药、合成抗生素类药物和甾体激素的研究。在物理化学方面,开展了量子化学、晶体化学、热化学、胶体化学等方面的研究。无机合成研究工作则以工业生产为先导,除了在制酸、氯碱和肥料工业获得了大规模的发展之外,我国当时已能对60多种元素的化合物进行不同规模的生产,品种近400种,产品总量达500余万吨。

在分析化学方面,开始发展仪器分析方法,建立了包括无机、微量有机的定性定量分析在内的相当完整的科研体系和有效的化学分析方法。同位素质谱也在这时建立,并解决了硼、锂、铀同位素分析中的难题,这些技术对中子计数、原子弹、氢弹的研制都起了非常重要的作用。

高分子学科在这一阶段开始建立,聚甲基丙烯酸甲酯(有机玻璃)与聚乙内酰胺(卡普纶,今名锦纶)的试制与工业化,成为中国早期高分子工业的主要组成部分。1952年,北京大学化学系设立高分子化学教研室。1953年,中科院成立全国性的高分子化合物委员会,并于1954年召开全国第一次高分子学术会议,在会上宣读研究论文30余篇。

元素有机化学在这一阶段开始建立并得到发展。当时结合消灭血吸虫病的任务,化学家们制备了锑有机化合物。他们应用酒石酸锑钾,治疗血吸虫病患者76万人,治愈率达90%;应用葡萄糖酸锑钠治疗黑热病患者60万人,永久治愈率达97.4%。为降低锑制剂的毒性,化学家们合成了一系列新的锑有机化合物,并结合农业药剂研究有机磷化合物,开展了有机硅单体及聚合物等材料的研究。

1956年,中科院化学类研究所已有四个,分别是上海有机化学研究所、大连化学物理研究所、长春应用化学研究所和北京化学研究所。经过1952年高等学校的院系调整,化学教学与研究力量得到了集中与加强。在中国化学会主办的《化学学报》上,从1954年到1957年共发表论文215篇,其中高等学校发表的成果就有104篇,可见高等学校在这个阶段的化学研究实力非常强。

据统计(见图5),到1955年,在专门的化学类学术刊物上发表的论文当中,有机化学、药物化学占了48.5%,物理化学占14.2%,分析化学占20.9%,生物化学等占13.4%,无机化学仅占3%。这些数据表明了当时中国的化学研究在不同领域内的大致发展状况。

化学发展的第二个阶段就是从1956年到1966年,当时制定了中国第一个科学技术发展规划——《1956年至1967年科学技术发展远景规划》。应该说,这个规划的制定对我国化学的发展起到了极大的推动作用。这一阶段,中国科学院又建了一批新的化学类研究所,如广州化学研究所、成都有机化学研究所、兰州化学物理研究所、化工冶金研究所、福建物质结构研究所、山西煤

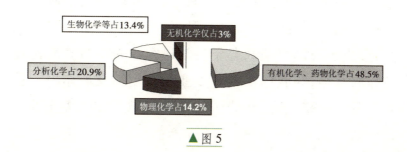

▲图5

炭化学研究所、新疆化学研究所、青海盐湖研究所、上海硅酸盐研究所等,都是在这个阶段建立起来的。重视基础研究与完成国家急需的重大的应用任务相结合,是这一阶段我国化学发展的一个重要特点。比如中国科学院在山西建煤炭化学研究所,也是为了给国家煤炭工业的发展提供一些科研基础;在青海建立盐湖研究所就是为了充分利用青海的盐湖资源来进行科学研究并促进盐湖资源的科学开发利用。所以在这个阶段,化学研究既重视基础研究,又与完成国家急需的重大的应用任务相结合。

这个阶段也加强了高分子学科的建设。我国一些重点大学也相继建立了高分子专业,其中中国科学技术大学于1958年在世界上率先建立了高分子科学系,当时国际上还没有一个系叫"高分子科学系",这是世界上的第一个。这个系下设高分子物理和高分子化学两个专业,这个系的建立对推动我国的高分子科学事业的发展起到了重要的作用。1960年,中科院化学所组建了我国第一个高分子物理研究室。同时,长春应用化学研究所开展了合成橡胶结构表征、黏弹性和加工等方面的研究,形成了我国早期高分子科学研究和人才培养的比较完整的基地,为我国高分子工业的初创和发展作出了重要贡献。1957年,《高分子通讯》(即现在的《高分子学报》)创刊。

化学与纳米科学技术

▲图6 中国化学会第19届年会和第三次全国代表大会全体代表合影

在这期间,中国化学会先后举办了八次规模较大的学术活动,在召开学术年会的同时,还紧密配合新中国的建设任务和学科发展的需要,开展了各种类型的活动。当时,学术思想十分活跃,形势十分喜人。图6是1963年7月30日在青岛举行的中国化学会第19届年会和第三次全国代表大会全体代表的合影。

第三个阶段就是从1966年到1976年的10年,这10年实际上就是"文革"阶段。1966年开始的"文化大革命",使我国的科学技术事业受到了严重的摧残,截止到1975年,化学基础理论研究几乎全部停止,很多研究机构的研究人员也流散到全国各地。尽管如此,仍然有一部分化学工作者在坚持研究,利用有限的条件做一点力所能及的工作。例如,卢嘉锡、蔡启瑞等人一直在做生物固氮模型研究。酵母丙氨酸转移核糖核酸的人工全合成的工作对国际生物有机化学界产生了影响;聚丙烯纤维、封装材料等方面的研究工作也取得了一系列较有影响的成果。20世纪70年代初,丁烯氧化脱氢制丁二烯以及与之配套的顺丁橡胶生产工艺,是我国独立自主进行化工过程开发应用的一个典范,对我国的化工生产和材料合成有着深远的意义。

随着工农业生产的发展,环境保护问题日趋尖锐。为此,中科院成立了环境化学研究所(现改名为生态环境研究中心)。另外,鉴于国防建设及感光工业的需要,中科院于1975年成立了感光化学研究所(现整合为理化技术研究所)。

第四个阶段就是从20世纪70年代后期到现在。1978年,"科学的春天"到了,它的标志就是全国科学大会的召开。但是,当时国内的科学研究已封闭了10年之久,对国际化学的发展状况所知甚少。"文革"的时候,如果去看外国的文献,就有"里通外国"的嫌疑,到1978年,化学研究仍是进展缓慢,科学大会召开后,化学的各分支学科均陆续进入了一个调整期。

1983年,国家编制了《1986年至2000年中国科学技术发展长远规划》,化学科学的基础性研究工作有了新的部署,如开展了金属有机化学、物理有机化学、络合物化学、静态与动态结构化学、分子反应动力学、表面化学(特别是固体表面化学)、光化学(包括非线性激光化学),发展与各种新材料有关的高分子化学与物理和无机固体化学等方面的基础研究工作,以填补过去的空白。

这一阶段,在有机化学方面,青蒿素、美登素等复杂分子的全合成工作是比较突出的,三尖杉酯碱的合成工作也做出了一定的成绩;在元素有机和金属有机方面的研究已初具规模,如有机氟化学、脱卤亚磺化反应、有机磷化学、有机磷萃取剂P-507等。

在物理化学方面,天花粉的三维结构、胰蛋白酶及

新材料科学技术集

抑制剂结构、固体表面盐类及氧化物单层分散等研究均达到了国际先进水平；配位场理论方法研究和分子轨道理论研究及其应用，在国际上已被称为中国学派；在高分子固化理论和标度研究、原子簇成键规则、原子价新概念、稀土化合物电子结构和化学键理论、分子激发态光谱、价键理论新方法、多体理论中的孪函数和辛群方法等方面的研究成果也达到了国际先进水平；催化研究的实验手段接近国际水平，在多种类型催化剂研制和催化剂基础研究方面有较好基础，部分工作引起国际同行的关注。上面列举的每个学科的例子，在过去都是获得国家奖的。

　　分子反应动力学、激光化学等新兴学科得以建立和发展。一系列化学激光器的研制成功、激光分离同位素的研究成果，都是中国激光化学发展的重要标志。

　　与此同时，接近国际水平已成为我国分析化学工作者的奋斗目标。中科院化学所早在1980年就已经开始了毛细管电泳研究，与国际同步。这一技术在生命科学研究及现代医药研制和生产中具有重要的作用。由吉林大学开展的流动注射分析，一直居国际前沿水平。我国的扫描探针显微术等研究，在国际上占有相当重要的地位。此外，我国色谱学研究也在国际上享有较高的声誉。

　　经过几十年的发展，我国化学学科的门类已经建立得比较齐全,其中二级学科有物理化学、无机化学、有机化学、高分子化学、分析化学、化学工程学、环境化学等,此外还有生物化学、感光化学、冶金化学、农业化学等,另外还有60多个三级基础学科也都建立起来了。

中国化学会一贯重视在国际组织中的地位和作用,以及与国际组织和各国兄弟学会之间的联系。自1979年以来,正式参加的国际组织一共有5个:国际纯粹与应用化学联合会(IUPAC),亚洲化学学会联合会(FACS),国际电化学学会(ISE),国际热分析联合会(ICTA),太平洋地区高分子联合会(PPF)。在国际催化会议(ICC)中,中国化学会是其理事会成员。近20余年来,有68位中国化学家代表中国化学界先后在世界化学界最大的国际组织IUPAC中担任各级职务,发挥着越来越重要的作用。

在我国召开的较重要的化学国际会议有:第四届亚洲化学大会(徐光宪先生为主席)、第34届IUPAC学术会议(当时的主席是卢嘉锡)、第六届太平洋地区高分子大会、第19届IUPAC金属有机化学会议、第二届亚太地区表面和界面国际会议、IUPAC 2002世界高分子大会、IUPAC第17届世界化学教育大会等。

第40届IUPAC Congress(世界化学大会)及43届IUPAC General Assembly(IUPAC理事会)于2005年8月14日至8月19日在北京召开。这是第一次IUPAC Congress 和 IUPAC General Assembly 同时在中国召开，这是我们在澳大利亚举办的 IUPAC 会上争取来的。4 位诺贝尔奖得主在这次会议上作了大会报告：Alan J. Heeger, William N. Lipscomb, John E. Walker, Kurt Wüthrich。会议分为环境、生命、材料、信息、物化、分析、化教、化工 8 个分组。

中国化学会或者说中国化学界也举办全国高中生化学竞赛，作为其科普活动的一部分。参加竞赛的总人数已达到 10 万余人次。中国化学会也组织全国各地优秀的高中生参加了 16 次国际竞赛，取得奖牌 64 枚，其中金牌 40 枚。这些活动提高了青少年对化学的兴趣，为培

▲图7　第27届国际化学奥林匹克竞赛当中的几位金牌得主

化学与纳米科学技术

养接班人创造了条件。我们在北京举办过一次化学奥林匹克大会,图7是在我国举行的第27届国际化学奥林匹克竞赛当中的几位金牌得主。

下面我简单地介绍一下化学学部。中国科学院学部是在1955年6月1日正式成立的,成立大会在北京召开。当时党和国家领导人周恩来、董必武、陈毅出席了大会,并作了报告。他们指出,中国科学院学部的成立是我国科学事业发展当中的一件大事,它的意义在于全国科学的学术领导中心已经建立起来,标志着我国科学事业发展中的新阶段的开始。其中化学部的前身是"物理学数学化学部",当时它们是合在一起的。1960年,"物理学数学化学部"更名为"数学物理学化学部"。1981年5月11日,第四次中国科学院学部委员大会通过将"数学物理学化学部"分设为"数学物理学部"和"化学部",使化学部独立出来,没有和数学物理学部合在一起。化学部历任主任有:严东生先生(任期1981—1994)、张存浩先生(任期1994—1998)、王佛松先生(任期1998—2004)。

化学部积极参加对国家有关科技问题的咨询和对有关科研学位的评议。如1981年7月,中国科学院副院长兼化学部主任严东生先生率先带领13名学部委员对中国科学院长春应用化学研究所进行了评议。

经第12次院士大会选举产生的第五届中国科学院

学部主席团以及各学部第12届常务委员会,成为新世纪初期中国科学院学部工作的领导机构。

下面我介绍一下不断发展的中国化学学科。我国的化学研究,已从不可控的碰撞反应扩展到定向、可控和高选择性的反应或分子剪裁;化学研究的对象,已从简单体系扩展到复杂体系,从无机扩展到有机和生命系统,从晶态扩展到非晶态,从正常态扩展到临界和超临界态,研究的对象已经发生了很大的变化;研究的化学过程,已从研究平衡态逐步转向研究非平衡态,从研究慢反应过程发展到研究快和超快过程,比如说飞秒化学等;研究的尺度,已从宏观向下延伸至单分子和单原子,向上延伸至介观(纳米尺度)离子和分子、离子聚集体;研究的视界,已从国内扩大到国际,从点扩大到面;研究的指导策略,不仅兼顾了短期和学科自身的利益,而且逐渐重视长远的影响和国家利益。这是从研究对象的选择、研究的尺度、研究的形态等方面对我国化学在近期的发展情况进行的总结归纳。

化学学科在基础研究方面不断取得重大成果,先后获得国家自然科学一等奖5项、二等奖29项、三等奖36项、四等奖15项。2003年在国家自然科学18项二等奖中,又有5项是化学领域的,连续两年在国家自然科学获奖数中占到1/4。这说明了我国化学研究领域的实力。其中获得一等奖的成果有:人工合成牛胰岛素研究(当然这个成果有很多化学家参与合成工作,但不能全部看成是化学奖),1982年获奖;配位场理论研究,1982年获奖;分子轨道图形理论方法及其应用,1987年获奖;酵母丙氨酸转移核糖核酸的人工合成研究,1987年获奖;有机分子簇集和自由基化学的研究,2003年获奖。

我国化学科学在应用基础及开发方面也取得了一系列重大成果。我国化学不仅仅做了许多基础研究工作,同时也做了很多应用性的工作。在农业方面,用于合成氨原料气净化新流程的脱硫、水煤气低温交换和甲烷化三种催化剂的研制成功,被誉为中国合成氨工业的一场革命。此外,DH2—除氢催化剂、棉红铃虫性信息素、杀雄剂、植物生长激素、光可控分解塑料地膜、高效吸水剂等,这些研究都是直接为农业服务的。

化学也为能源工业作出了贡献。比如,油田的三次采油技术,油田注水开发技术,煤的高效利用技术,像从煤出发制取液体燃料、一氧化碳加氢合成汽油、快速床燃煤技术,以及氢燃料汽车等等,这些都离不开化学家的努力。

化学研究为我国自然资源开发和环境保护作出了贡献,也为天然资源的开发利用作出了成绩。在稀土分离化学研究方面,建立了一系列稀土的生产流程,提出了串级萃取理论;系统研究白云鄂博含氟铁矿冶炼过程中的物理化学问题,为设计合理的冶炼规程提供了科学依据；对盐湖进行了全面系统的研究，等等。这些都是为了保护和开发我国的自然资源。

化学研究者同时也重视环境保护的研究，完成了《京津渤区域环境综合研究》和《京津地区生态特征和污染防治研究》等课题，同时也对我国西南地区酸雨污染问题进行了系统的研究，提出了防治酸雨的对策。

1993—2002年，《化学文摘》中共收录中国文献513461篇，占国际论文总收录数8048949篇的6.38%，论文数量平均增长率达到11.55%，远远高于国际平均增长率2.77%。中国化学文献数量年均增长率还是很高的，跟中国经济发展一样。在1983—2002年《化学文摘》收录的各类型文献量中，收录期刊论文比例呈缓慢下降的趋势，但每年期刊论文收录数仍占《化学文摘》总论文量的80%～83%；化学专利所占的比例表现为持续增长状态，从1983年的16.59%增长到2002年的20.89%。由此可见，化学的专利还是占很大比例的。

当然，论文数量是一方面，它只是分析我国各学科发展概况的一个参考值，决不能单纯用这个数值来考核个人或一个研究学院。论文被引用的情况表示你的论文的影响。在化学领域，论文总被引频次位居前10位的依次为美国、日本、德国、俄罗斯、英国、法国、加拿大、意大利、西班牙、荷兰，中国被引频次还不够高，没能在前10位。其中美国、日本、德国分别占据了SCI化学论文收录数（总共占38.12%）与论文总被引频次（总共占49.95%）的前3位。应该说，在化学基础研究方面，美国、日本、德国还是占了绝对的优势。这些数字说明，中国化学论文数增加得很快，但是我们确实要重视论文质量的提升。中国化学SCI论文数为54400篇，占国际化学SCI论文产出量的5.19%。中国化学的SCI论文数量在国际上排名第六，论文总数被引频次在国际上排名为第11名。如果统计每一篇发表的化学论文的被引用率，则被引用的频率越高，表示论文的影响力越大。如果发表的论文少，被引次数却多，则说明论文质量更高。所以要用引用次数除以篇数，中国篇均被引频次排国际第68名。一下子就降到了第68名，说明虽然中国是国际化学领域一支重要的研究力量，但论文的科学影响力与世界一流国家还有一定的差距，这需要我们年青一代化学工作者更加努力，更加注重科学研究和技术发明的原始性创新，对科学研究作出实质性的贡献，争取在这个领域产生更重要的影响。当然，我们必须明白，对科学技术的贡献的评价决不是看你发表的文章，而是看你的工作对科学技术进步以及对社会所作的贡献。论文只是基础研究成果载体的一种形式而已。

以上是中国整体的情况，如果就个别单位而言，也可能会好一点。在2004年8月份的《科学观察》上，登载了美国汤姆逊科学信息研究所的一篇文章，这篇文章对

11个领域的论文引用次数排名,分成几个大的领域,比如物理、化学、数学、材料,等等。这个统计挺有意思,它是按照单位而不是国家来统计的,比如大学、研究所等单位。中科院是一个单位,俄罗斯科学院、法国科研中心都算一个单位,IBM公司所有的研究机构也算一个单位。表1是中国科学院的论文引用次数在全球研究机构中的排名:据统计,在化学方面,从1993年到2003年,10年之间,中科院的论文的引用情况占世界第22位。但是如果统计后五年,就是从1999年到2003年,中科院的化学论文引用就是第2位了。化学论文引用的前五名是:加州大学伯克利分校、中国科学院、东京大学、京都大学、俄罗斯科学院,这是根据后五年数据统计的。材料科学在1993年到2003年10年之间,发表的论文引用情况占世界第12位,在后五年里也占到了世界第2位。材料科学前五名顺序与化学方面的不一样,其第一名是日本东京大学,第二名是中国科学院,第三名是麻省理工学院,第四名是剑桥大学,第五名是日本国立材料科学研究院。这说明,就单位系统而言,中科院后五年的化学论文引用情况起码是可喜的。这里我再强调一遍,就科技进步而言,论文只是基础研究结果的载体,它本身不应被看成是成果。评价一个学位和一位科技人员,最主要的还是要看他的成果对学科发展、科学进步、技术发明是不是有真正重要的作用。

表1　中国科学院的论文引用次数在全球研究机构中的排名

	1993—2003年	1999—2003年
化学	第22位	第2位
材料科学	第12位	第2位

化学前五名：加州大学伯克利分校、中国科学院、东京大学、京都大学、俄罗斯科学院；

材料科学前五名：日本东北大学、中国科学院、麻省理工学院、剑桥大学、日本国立材料科学研究院。

我们知道，国家自然科学奖一等奖，前几年一直都没评出来，连续四年都是空缺，但是在2003年，评出了一个一等奖。这个一等奖就产生在化学领域，中科院上海有机化学研究所蒋锡夔院士等人的"有机分子簇集和自由基化学的研究"课题，在国家自然科学奖一等奖连续四届空缺之后荣获这一殊荣。

《自然》杂志在2001年有一篇社论《化学形象被与其交叉学科的成功所淹没》。在一次化学学会年会上，徐光宪院士也作了一个很好的报告，说这种现象是由于化学家的谦虚所造成的，社会上也认为是由于化学家的谦虚而造成这种现象的。我们知道，21世纪前沿科学技术是信息科技、生命科技、纳米科技，这些都属于新兴科学技术领域，那么化学到底怎么发展？化学是这三大科技的物质基础。比如说材料科学，要做集成电路芯片材料，需要光刻胶，这是信息科技的基础，但是这离不开化学。纳米科技,我们知道有Bottom-up,就是由下至上,通过分子的组装来形成特定的结构,这也离不开化学。像我现在讲的是纳米科技,但我是学化学出身的,所以说纳米材料、制备、合成与表征,都离不开化学。在分子生物学中,化学也起了重要的作用。生物大分子的结构化学,叫结构生物学;生物大分子的物理化学变成了生物物理学;凝聚态物理学包含了固体化学的一些内容;溶液理论、胶体化学现在叫软物质科学;量子化学是原子分子物理学很主要的一部分。但是"化学家的谦虚使得在交叉学科中放弃冠名权",使人们以为"化学在生物学与物理学的夹缝中消亡了"。很多研究领域改名了,不叫化学了,现在很多学校的生物化学属于生物系,不属于化学系了,材料学院成立后也不属于化学系了。

最近30年,新化合物合成达到2340万种!我们知道,化学是唯一创造新物质的科学,也是创造性极强的科学。在各种学科当中,能合成世界上原来没有的东西的学科,还是化学。化学能创造出新的物质,所以它是创造性非常强的科学。同时,化学也是一门中心学科,化学在21世纪应该得到更大的发展。

三、中国的纳米化学和纳米材料

近年来,纳米化学与纳米材料研究继续保持着强劲

化学与纳米科学技术

的发展势头,取得了许多重要的研究成果。中国科学技术协会、国家自然科学基金委员会共同编辑的《学科发展蓝皮书(2004卷)》中,有关纳米化学和纳米材料的内容主要是由我们中国化学会的副秘书长、清华大学教授邱勇执笔完成的。本文就引用他写的"蓝皮书"里的内容。

近年来在纳米化学和纳米材料方面,中国取得的一些成果包括:复旦大学赵东元课题组在无机多孔材料研究方面取得了重要进展,成功地通过酸碱对自洽制备了有序稳定的中孔分子筛材料,研究了介孔材料的尺寸控制及吸附性能,通过微波消融制备了有序金属氧化物纳米阵列,通过介孔硅酸盐模板技术制备了CdS纳米阵列。

厦门大学郑兰荪院士课题组制备了具有三维纳米孔的镧系—铜异质金属配位聚合物,详细研究了它的晶体结构和热性能,发现它具有良好的稳定性,在催化、分离、气体存储和分子识别等方面具有重要的应用前景。

吉林大学张希课题组采用碱后处理—氢键层层组装方法,制备了具有微孔的自组装膜;采用原位射线辐射聚合物纳米胶束,在保持胶束结构的同时可提高聚合后胶束的稳定性。这种独特、简便的方法对两亲性分子的组装及纳米材料的制备具有重要的意义。

中国科技大学的钱逸泰院士研究组在溶剂热合成

制备半导体纳米线、超长 Bi_2S_3 纳米带、碳纳米管、表面活性剂辅助水热合成铁磁性镍纳米带等研究方面取得了重要成果。

清华大学李亚栋课题组在稀土化合物纳米管、由薄层结构制备金属纳米管和纳米线的新方法、热稳定的硅酸盐纳米管、胶状碳球和其具有贵金属纳米离子的核壳结构、似富勒烯结构稀土纳米离子、ZnSe半导体中空微球等方面都取得了重要进展。

中科院化学所江雷课题组在对纳米界面材料的制备与浸润性能研究方面,取得了重大进展,实现了界面材料的超疏水及超亲水功能,阐明了材料表明的浸润性不仅与其化学结构有关,而且还与其微米、纳米几何结构密切相关。

中科院化学所万立骏课题组利用电化学自组装技术,成功地制备了杯芳烃阵列,并将此阵列用于包容富勒烯分子,得到高度有序的杯芳烃/C_{60}络合物点阵。利用简单的一步溶液相界面组装技术制备出半导体复合(TiO_2/CdS)纳米空心球材料,并且基于模板合成技术,成功地制备出 TiO_2 半导体及其与金属或半导体复合(TiO_2/Au、TiO_2/CdS)的纳米管阵列材料。这些材料具有优异的光学性质,有望在光电材料和光催化领域产生新的应用。

中科院化学所宋延林研究员与物理所高鸿均研究

员在高密度信息存储方面取得了重要进展。他们设计合成了具有强电子给体和电子受体、物理化学性质稳定的有机分子(DMNBPDA)并培养了其单晶,在DMNBP-DA薄膜上实现纳米尺寸信息点的写入,信息点平均直径达1.1nm,对应存储密度>10^{13}bit/cm^2。

其实在这个领域,还有许多研究进展,我这里只是直接引用了在《蓝皮书》上公开发表的内容。

在碳纳米管材料方面,我们国家最早制备出世界上最长的碳纳米管、最细的碳纳米管、碳纳米管定向的合成;在纳米金属方面,我们也做了很好的工作,使它有超延展性,同时具有很高的强度,包括导电性。从1992年到2002年的10年期间,关于纳米科技文章引用情况在全世界按单位来排,中国科学院排名第四位。第一位是加州大学伯克利分校,第二位是IBM公司,第三位是MIT(美国麻省理工学院)。

21世纪,我国将面临人口、健康、环境、能源、资源与可持续发展等方面越来越严峻的挑战。化学家们要主动从化学的角度,通过化学的方法解决其中的问题,为我国经济、社会发展和民族的振兴作出更大的贡献。这些工作所涉及的若干基本化学问题及交叉学科领域,将成为21世纪我国化学研究的新方向,成为我国化学家有所作为的突破点。中国化学学会和化学学部将和广大化学科技工作者一起,进一步发扬爱国主义精神,提倡

新材料科学技术集

科学道德与实事求是的精神,在继往开来的时代,更加珍惜党和国家提供的优越条件、良好的氛围,勇于进取,勇敢承担起建设祖国的历史重任,为发展我国的化学事业,为国民经济建设的快速前进,为祖国和中华民族的美好未来而不懈奋斗!

科学研究的乐趣

李家明

【作者简介】李家明,原子分子物理专家,上海交通大学物理系、清华大学物理系教授,中国科学院和第三世界科学院院士。毕业于台湾大学电机系,获美国芝加哥大学博士学位。历任清华大学物理系原子分子纳米科学与技术研究中心主任,国家科学技术奖评审委员会委员,国务院学术委员会物理科评议组委员,中国物理学会理事,国家"85攀登项目"专家组成员。长期从事原子分子物理领域的研究工作。"七五"期间,作为项目负责人,他承担了中科院重大科研课题"原子分子激发态及动力物理研究",

使我国在原子分子物理领域的发展上迈入了崭新的台阶。20世纪80年代至90年代,他进一步发展了多通道量子数亏损理论,总结了有关原子碰撞的参数和规律,获国际物理中心设立的1986年度卡斯特勒奖,曾经发表论文百余篇。

科学研究的乐趣

　　世界上的事物,如果按它发生的时间尺度来算的话,我们人的一生有多长的时间呢?最多几十年吧。那么宇宙存在多久了?大约150亿年。宇宙的空间有多大呢?就是用光的速度跑将近150亿年那么大。世界上还有很多东西的时空尺度在变大,比如人走动的范围。现在因为我们国家改革开放了,国外好的东西要学,不好的东西,我们一定要像对付苍蝇一样,不让它进来。然而,我们再怎么走都是在地球上。但是我在想,有条件的,可以做宇航员,那样就可以走得更远。

　　我们从自然界的现象来看,时空尺度是非常大的,这里面有好多神奇美妙的东西。我们最终要追求的奥秘是什么?宇宙是怎么起源的?时空尺度极小极小的东西又涉及什么呢?原子是一个什么样的结构?原子里面有一个原子核,外面有电子云在跑,像波一样的。原子核有一个很小的半径,是费米级的,即10^{-15}米。电子比较轻,在原子核外面运转。电子的半径也非常小。继续追溯下去,空间的尺度是非常非常小的。原子核里还有核子,核子里还有夸克。空间尺度越来越小,我们怎么样才能观察这些东西?只好用显微镜、加速器等仪器。

　　加速器看到物质里面小小的组成结构,这需要很高的能量,很快地去碰撞它,它们相互作用的时间非常短。在那么短的时间、那么小的空间里面发生碰撞现象。探索这里面的现象,就是探索原子时空尺度上的现象,就是在探索物质的起源问题。我们了解的电子都是一个点,还有电荷和自旋,就像儿童玩的陀螺一样。点有半径吗?根据数学上的定义,点是没有半径的。但是要了解物质的起源,就要涉及这个问题。

原子怎么构成了分子?分子怎么构成了物质?还有蛋白质那些生物大分子是怎么构成的?在原子时空尺度上有极其丰富的生命和物质现象。有一些物质是没有生命的,但是又非常有用,有特别的功能,我们就叫它材料。

生命物质现象中最简单的基础就是原子。而惰性气体的原子有特别的性质,只有特殊的频率才吸收,不是那个频率就不吸收,到了某一频率吸收就增强。

比如,Kr是稀有气体(惰性气体)。Kr是由原子核构成的,原子核里面有36个质子,就是说它有36个正电荷,外面围绕着36个电子。除了质子外,原子核里面还有中子,中子数目不一样,这就构成了所谓的同位素。稀有气体已经很少了,同位素里面还有一些特别的同位素,数量就更少。为什么会有这种分布结构呢?因为Kr最主要是靠分布射线。它打到原子核上面,产生一些反应,而这些分布是一些特例。如果我们了解了这些结构,就能够很灵敏地探测到Kr。比如,有激光,就可以提供一些波长。如果把一个激光束放到这儿,再把另一个放到那儿,它就变成带电的了。这样,就比较容易测量。这是种测量方法叫做激光共振测量。

还有一种方案。假如粒子在这里,你有一个激光,它就吸收一个激光。就像打弹珠一样,如果做一个小泥巴球,去碰大泥巴球,不断地打,大泥巴球就会动。光子也是一样,你用光子去射,吸收多了就转移动量,这就是激光冷却方案。

在中东地区及非洲的埃及,那里大多是沙漠,沙漠底下有地下水。它到底是多少年前的水啊?这个问题不太好回答。就像你现在找到一个古墓,你要请人来看一看它到底是多少年前的一样。但这可以用碳的同位素来测量,因为碳虽然是地球上通用的一个元素,但是它的同位素的比例是可变的。一旦它到地下去,宇宙射线就小了。为什么防空洞要建在地下,就是这个道理。元素一旦被遮盖住了,它的稀有的那些同位素的比例就变了。地下水减少的特征、时间和它的寿命有关。你把空气中水的比例测到,把水里元素的比例测到,就可以推算出地下水的寿命了。地下水的寿命有33万年的,有21万年的,也有将近40万年的。水资源是个大事,我们用科学的方法弄清楚它的特征、时间、寿命之后,可以保证我们中华民族用水的问题,从而为水资源的合理使用作出贡献。

这里举一个关于能级的例子——碳正离子。碳有

新材料科学技术集

一个电子的结构，里面有不同的能级，不同的光。这种不同的光的位置，我们要搞清楚。我们还要弄清楚是从哪里发出的光，该发多强的光。这有什么意思啊？下面我讲一下从理论上怎么解决这个问题。

在广阔的宇宙空间中，有一种形状稀有的星云，它的里面有一个能量很高的发射各种各样射线的核，使外面的星云得以激发。星云被激发了以后所发出来的光射在地球上，即使你眼睛很好，可能还看不太清楚，一定要用足够倍数的望远镜来看。我们可以通过如此远的光的信息来判断那么远的地方发生了什么事情。这样，丰富的物质生命现象和极远的宇宙现象之间的关系，通过光就联系起来了。到了21世纪，空间计划也提上了日程。比如空间望远镜，现在世界上有不少望远镜，中国也有很多高倍天文望远镜。

宇宙中还有好多形状的星云，有如此多的不同形状的星云呢？主要原因是它们里面不同的物质发了光，我们这里通过光可以判断星云里面的一些物质的丰度。如果星云里面有碳，我们就可以判断碳的丰度。只要有发光的物质，我们就可以看出它的丰度是多少，但是丰度最多的是氢，然后是氦。

在原子结构中，少掉一个电子的东西，就是离子；少掉两个电子，就是正二价的离子；少掉三个电子就是正三价的离子。当一个物质能量非常高的时候，就像大家

科学研究的乐趣

煮开水一样,刚开始是水,是液体,温度高了以后就开始沸腾,不久就变成水蒸气,分子就跑出来了。如果能量再高上去,水分子就解离了,变成氢原子和氧原子。你可以想象到,如果温度再高上去的话,氢、氧原子里面的电子就跑出来了。这些跑出来的一大堆的离子和电子就形成一种物质,这种物质叫做等离子。所以说,等离子这种物质的能量一定是很高的,最好别随便去碰它。如果说保证我们全国人民能够努力地进行经济建设是我们国家的战略武器的话,那么这种战略武器一旦生产出来,能量是非常高的,任何"鬼子"来了都会灰飞烟灭的。这样的物质里面就是那些氯化钙原子的结构,它的能量很高,能量一高就会发光。发光波长短的就是X射线。这些X射线的波长也会吸收和发射,这些性质就非常重要了。记住了原子结构之后,我们就可以用实验和理论把它算出来。我们要搞清楚它到底是怎么回事。如果搞清楚了,我们就可以有效地利用X光的能量。这有什么意义呢?比如,"863"计划中有一个计划叫做"惯性约束聚变"的研究计划,就涉及这些物质里面的东西。我们把它弄清楚,就能够有效地利用好X光的能量,能够保障我们更有效地使用战略武器。其基本原理是用高能量的激光驱动内爆,然后使得它里面的核聚变产生反应。

我举一个利用X光的能量的例子。比如,激光从源头进入靶室,靶室有两类,一种是间接的,就是包在一个金盒子里面。这个金盒子很小,差不多就上百个微米那么小。激光进去之后,产生X光,然后X光再照射它,使得里面的核爆炸,然后产生核反应,使得能量释放出来。激光转化为X光后,压缩靶室,然后释放能量,这是间接反应。还有直接反应,就是让激光直接打上去。

当然它不能做大了,否则怎么能控制它为我们发电呢?我们只有把它做得很小,以便我们能够控制,这样它就能够发电了。未来的激光聚变电站还没有建好。

下面谈谈团簇物理的问题。许多原子、分子很高兴地聚在一起,就是团簇物理。"很高兴地聚在一起"是什么意思呢?物质尺度是极其丰富的。我们把它们为什么会在一起、它们在一起发挥什么样的作用搞清楚了,我们就能够做出我们喜欢的东西,有些甚至是我们难以想象的东西。比如,在这样一个小的积木下,我们把它做出来,要怎么样才能有这个能力呢?这是很重要的,那我们就要把这些原子搞清楚。这些原子都到了0.1个纳米的级别,看不见也摸不着,所以必须要有适当的工具、适当的方法,才能够搭积木,当然也要懂得其中的道理。这样的研究,我们就叫它团簇物理的研究。许多个原子、分子形成的聚集体,听起来就很吸引人。它可以被认为是"孤立"的原子、分子和大块物质之间的桥梁。这也是纳米科学与技术的基础。纳米技术是21世纪很重要的一种技术，关于这一点，我不多说了，现在很多报纸都有报道。但报纸上报道的东西不能乱相信，现在有些广告说得太不像话了。但纳米技术肯定是21世纪非常重要的一种技术。我们把上面的东西搞清楚了，能不能建立一个纳米功能材料的计算机辅助设计平台？

搭积木的时候总要弄清楚原子的基本情况。比如，它们是不是喜欢在一起，它们是怎么走动的，等等。比如说一个铝的表面，在它的某一个面上，表面是一个红的原子，它在上面运动的方式有很多种。先说它沿对角线方向走，这种方式叫做原子交换，然后还有其他的运动方式。从这个面看不清楚，我们把它侧过来。因为爬坡最高的时候比较累一点儿，所以要慢一点儿。还有一种运动方式是跨顶的，它的原理和刚才讲的一样，这种运动叫过顶跨越。但是它和刚才过桥跨越的交换原理不一样。三种运动都在同样的面上进行，哪一种爬坡最高呢？哪一种最低呢？爬坡高的原子，能量也高。所以我们说它有趣，到了这么小的世界，不同的原子的运动状态还是不一样的。对于铝原子来讲，原子过桥本来是一件简单的事儿，从几何学的角度来看，感觉它好像一滑就过去了，可事实并不是这样。所以说到了纳米尺度的世界，哪些原子比较稳定，起什么作用，这都是我们未来要研究的，都是以后科学技术的基础。纳米世界是非常有趣的，我刚才只是举了一个铝的例子。

新材料科学技术集

现在人类已经开始想用分子的尺度来做一些像电子器件之类的东西。有些压电材料，你加电压，它就缩一点儿或者长一点儿，就看你加电压时怎么安排了。当缩小的尺度非常稳定的时候，它就是纳米量级的。我们的艺术家雕刻一个小米粒是非常不稳定的。而到了现在，微电子这些工艺每次重复都是非常稳定的。刚才讲了，到了原子层级的时候，就是亚纳米或者纳米的层级，它们就更稳定了，这就需要科学家研究琢磨的手段。有了这种手段，就可以做好多事，像我前面介绍的那些事情。

可以做一个理论模型。然后我可以计算模型中间怎么放原子，就可以来研究它。有很多事情可以从不同的角度、根据自己不同的情况来做。我们现在就要面向纳米科学技术这件极为重要的事情。

目前，所谓的纳米材料刚刚起步。我们穿的衣服滴了油以后要把它洗掉，衣服也会沾水，你既要防油又要防水，而水和油又是截然不同的两种物质，需要巧妙的安排才能做得到，而且还要透气。但是到了纳米的层级，像我刚才讲的铝，它有好多你想象不到的行为。你可以在衣服上面放一些很小的疏水的分子，水就不能沾上去。同时，你还可以放上排油的分子。如果这两种分子都放上去的话，就能够满足我们的需要了。

确切地说，纳米科技发展到最后是个什么情况，现在还很难说，但它肯定是一件很重要的事情。我们可以想象到微米科技的研究和开发工作。微米科技刚开始的时候条件也很简单，就只有一些印刷电路。因为原来的电路要焊接，后来印刷电路就是一种工艺，也就是现在的物理电子的前身。到了现在，就是用大规模的微电子技术。那时候只不过就是把半导体收音机做得小一点儿。微电子技术发展到今天，令人很难想象。比如，现在所用的PC，它的功能就相当于那时候的一台很大的机器的主机了。那时候，像那样的一台大机器说不定还是国家保密的机器呢。因为在当时它是代表一个国家最尖端的东西。现在，人们可以随便用微机了。还有，由于大规模集成电路的广泛应用，使用手机也非常方便了。现在人们到哪里都可以和家里人联系上。这在以前也是令人难以想象的。微米以后是什么样子呢？我也希望自己能看到其中一些端倪。我们现在搭积木，眼睛和手已经慢慢有点感觉了。现在有一个迹象，就是纳米时代慢慢地提前了。至于最后是个什么情况，我们还不清楚，但这个迹象已经越来越明显了，所以说纳米技术是一种非常重要的技术。

微米科技的方案现在已经做得非常好了，微米尺度的叫微加工，甚至有人叫它纳微加工了。现在，微加工技术已经做得非常好了。简单地讲，它的加工尺度如果继续小下去的话，成本更低。同样的材料，我们一旦用这种系统的方法加工的话,就可以产生大批的数量。举一个例子,原来的东西如果是几个厘米的话,你加工的尺度是厘米,那就仅有几个,如果加工尺度变成毫米,马上就多了100倍,如果尺度是0.1毫米,就会再多100倍。所以说如果加工的尺度越小的话,材料上的效益就越高了。

现在,电子芯片越来越小,功能越来越多。计算机的功能比原来多得多了,而且花的钱也不比以前贵多少。为什么呢?同样的材料,只要有了技术,有了模具,都能大批量地生产。从公司效益的角度讲,计算机的价格显然稍微贵一点儿,但功能多了很多,用户也很高兴,公司也可以赚钱。目前,微电子行业已经发展到了一个规模巨大的程度,所以说任何一个新的方案,花的精力都非常大,需要很多人动脑筋。从1990年开始到2001年,大概就是10年时间,当时预期原来加工的尺度是700个纳米,也就是0.7个微米。当时预期到2001年是0.18个微米,但是到2001年的时候实际上已经做到了0.13个微米。就是说,我们把它做小的技术比预期的要快。再比如,我们用的磁盘原来只是预期它的大小有多少个兆,再后来它的容量慢慢增长到16M、256M,现在硬盘的容量都是用T级的,哪里还有用兆级的。再过几年就比预期的容量增长要快很多了。可见,我们人类加工的能力进步得要比我们预期的快。

科学研究的乐趣

芯片里面都有上百万个晶体管。几十年前,用一个小的晶体管,就能够做一个半导体收音机,就觉得它是一个尖端产品,而今天一个芯片里面就有上百万个晶体管!

如果有非常好的加工能力的话,可以加工高性能雷达管。有时候会背着双手骑车,但是还能骑,对不对?这就跟惯性有关。现在我们有鼠标,鼠标下面可以滑动。还有一些高性能的东西,像科幻电影,它就不要滑动,就要用这个小陀螺仪。为什么呢?因为有了小陀螺仪之后,就可以定位。如果移动定位的话,坐标不就有了吗?就像你们学数学,先定位好了坐标,然后移到那里,就像鼠标在桌面上左右移动一样。有了陀螺仪,就可以不用鼠标来操作电脑。我们人体如果用纳米的尺度来衡量,大概就是10亿纳米,两根头发丝的直径为10万纳米,到了原子是亚纳米,分子是纳米。我们的人体每天都在组合蛋白质,我们的心脏每天都在不断地工作。有些细胞耗损或淘汰掉了,马上就像计算机配件一样换上新的,以保证我们的心脏不断地工作。这给我们什么启示呢?就是人体中纳米层级的结构,它里面有一些巧妙的东西。能不能从中找出一些我们人类可以控制的方式呢?

纳米技术肯定是21世纪非常重要的一种技术,纳米技术的研发过程具有高度的前瞻性。纳米科技与其他

新材料科学技术集

科技是相互关联的,要把有关的科技集成起来,才能发挥作用。这就是我最后所强调的一点,即纳米科技有高度的前瞻性、创新性、风险性和高度的集成性。这需要我们共同协作,共同发展,共同进步。

关于人口、自然资源、环境及可持续发展的一些问题

——兼议纳米科技和纳米材料

严东生

【作者简介】严东生,1918年生,1935年考入清华大学学习,1941年获得燕京大学理学硕士学位,1949年获得美国伊利诺大学哲学博士学位。20世纪50年代初回国,曾任中国科学院冶金陶瓷研究所研究员、室主任,上海硅酸盐研究所所长,中国科学院党组书记、副院长,现任中国科学院特邀顾问,上海硅酸盐所名誉所长。1980年当选为中国科学院院士(学部委员),1994年当选为中国工程院首批院士,1996年被选为第三世界科学院院士。

　　严东生院士毕生致力于材料科学研究。他在高温材料制备学、氮化物与氧化物等系统的热力学与动力学研究、高性能材料设计与微观结构控制,以及陶瓷基复合材料和纳米材料研究等诸方面作出了开创性的贡献,是我国无机材料科学的奠基者。先后被选为国际陶瓷科学院创始院士、纽约科学院院士、亚洲各国科学院联合会主席、中国化学会及硅酸盐学会理事长。荣获美国陶瓷学会"杰出终生会员"荣誉称号,并被日本陶瓷学会授予"百年奖"。获得国家自然科学奖、国家发明奖及国家科技进步奖多项,获美国、法国、中国香港多所大学的荣誉科学博士学位,发表论文250余篇,出版专著4本。

关于人口、自然资源、环境及可持续发展的一些问题

很多人都说,21世纪是 China Century——中国的世纪,在北京召开的全球财富论坛,也将中国和亚洲的发展作为讨论的主题。我国已有连续数十年持续地保持了比较高的发展速度,今后也可能以7%或更高一点的速度再持续发展20多年。但是我们不能回避今天我要谈的这些问题与所要面临的挑战。

我们面临的挑战是什么呢?第一是人口问题。1989年我国人口达到11.6亿,1999年增加了1个亿,达到了12.6亿。10年里增加了1亿人口,出生率超过了1%,死亡率小于1%,人口增长率仍然保持差不多1%的速度,即每年增加1000万人口。1999年我国人口占世界人口的21%,2004年的统计数字是12亿9800万,现在已经超过13亿了。这5年内,人口增加了4000万,这比前10年每年增加的速度降低了,说明我们的计划生育工作还是搞得不错的。预计到2030年前后,我国人口将要达到最高值——16亿,实现人口的零增长,或稍有下降。2050年世界人口预计为90亿,中国人口占其中的17.8%,仍是世界人口第一大国。这是我们中国最重要的一个参数,做什么事情都要考虑到我们是有十几亿人口的国家。一部分人富起来了,也要考虑还有更多的人没有富起来。我们的事业在以比较高的速度发展,对亚洲、对世界有很大的影响。但是客观地来考虑实际情况,人口始终是重要的问题。我们应当能够实现人口的

慢速增长，最后保持一个平衡的态势。所以我下面将人口作为第一个重要的问题来介绍。

第二个问题是自然资源，这是另一个制约我们经济和社会发展的重要因素。自然资源包括很多方面：首先是耕地。中国的耕地面积是有限的。若干年前（10年前），大地测量的结果是，中国有16亿亩耕地，航测则有20亿亩，1989年人均占有耕地面积只有1.38亩到1.72亩。10年后减少了差不多10%，2004年年底又减少了一点儿。所以当人口增长到16亿的时候，人均占有耕地面积可能只有1亩了。所以，保护耕地的确是非常重要的一个问题。中央和国务院现在每年的第一号文件都强调保护耕地、农业、农村和农民。我们的耕地面积实际上是在减少，现在的数字虽不太清楚，但是绝对没有20亿亩了，方方面面的建设都在占用耕地，有18亿亩就不错了。所以我对上海搞F1赛车场是非常反对的，中国没有一个人开赛车，做运动总要有一个基础，不像中国有那么多人踢足球、打网球，可以建足球场、网球场，中国没有一个人是赛车手，没有必要建赛车场。商业炒作能够赚钱，但占用了大量土地，其中一部分是耕地。尤其是长江三角洲——上海、江苏、浙江，有相当多的土地是非常好的耕地，一年两熟或三熟，保护吨粮田、扩大吨粮田在长江三角洲是很有潜力的。这一部分吨地被占用了尤其可惜。浙江省、上海市如何保护好耕地？上海建

关于人口、自然资源、环境及可持续发展的一些问题

了那么多高尔夫球场有必要吗？有那么几个就够了，多好的绿地被占用了啊。国家的宏观政策要考虑到十几亿人口这个基础，要实现全面小康社会，允许一部分人富起来，但是目标还是要达到全面小康。一个国家要发展，仅一小部分人富起来是不够的，主要是全面小康，共同富裕。第二是森林资源。长江三角洲的森林覆盖率是比较高的，因为浙江还有部分山地、密林。第三是水资源。中国是个淡水资源紧缺的国家，人均淡水资源只有世界的1/4或更少，北方尤其是西北地区淡水资源紧缺。第四是能源，一是紧缺，二是利用率低。当然很难准确地说每单位GDP的能耗是发达国家的多少倍。前不久中国工程院开过一次会，不少人提到能源问题。报纸上，如《科技日报》上也发表过几篇文章，对能源问题有各种估计，几倍的、十几倍的估计数字都有。GDP与我们的产业结构有密切关系。对中国来说，第二产业所占比重还相当大，大于发达国家，而第二产业的能耗是较多的。这样，单位GDP能耗就较高了。第三产业创造的GDP高，而需要的能耗却较低，如金融业，能耗限于照明、取暖等。与发达国家相比，我们的能源利用率大概至少相差一倍。所以我国的能源利用率是有潜力可挖的。煤是我国主要的能源，在我国的储藏量也很丰富，但是最近的媒体报道称，中国的煤储藏量大概也只能用两百多年。而且过度依靠煤作为能源，会给环境带来巨

新材料科学技术集

大压力,因为煤含有对环境造成污染的物质。我国石油的探明储量是有限的,所以东海之争,也与油、气有关。从1993年开始,我国已是石油进口国,2003年大概进口石油1亿吨,占全年石油消耗量的40%。从煤、石油过渡到清洁一点的能源就是天然气。我国天然气也有缺口,东海、南海的油气田都与周围邻国有争议。我想,怎样联合开发应当是解决争议的一条途径。中国科学院有个国情研究小组,通过各个方面的考虑,对能源的利用率提出了建议:在保持经济增长的同时,必须逐年提高能源的利用率,到2040年希望能够在提高能源利用率的基础上,保持现在的发展速度,实现能源消耗量的零增长。

中国必须保护耕地,用有限的耕地养活占世界20%的人口。1998年我国粮食总产量达到1万亿斤,人均800斤,已达到了小康水平。1999年以后,每年的粮食产量有所下降,2004年下降趋势有所改变。所以我认为奖励袁隆平这样的科学家,是非常值得的,因为他的杂交水稻能够大幅度提高粮食单产。我国有相当一部分人住在中西部干旱地区,年降水量不足200毫米,所以要发展新的农作物品种,开发水资源,节约利用水资源。我们的目标是希望到2050年能够做到人均粮食800斤,自己养活自己。有一本书叫做《谁养活中国人?》,中国人必须自己养活自己。因此我觉得政府不应当提倡高消费,甚至于纸张等日常消耗品都要厉行节约。1998年WHO公布世界十大污染城市,太原排第一,北京排第三。北京现在也许稍微好一点,因为排第三没有办法举办奥运会。所以在经济持续增长的同时,我们要达到对环境生态压力的零增长,实现可持续发展的目标。

下面我介绍一位中国科学院的外籍院士——美国植物学家彼得·雷文(Peter.H.Raven)。两年多前他被选为美国科学促进会会长的时候,发表了一个"可持续发展与人类命运"的讲话。在讲话中,他列举了人类强化活动对地球的破坏:在过去半个世纪里,地表土流失了1/5,耕地减少了1/5——森林减少了1/3(中国的数据可能与这个差不多,我国每年地表土流失两三千平方公里,耕地减少大概没有那么多,乐观地讲还有十七八亿亩)。令人担忧的是:生物多样性在不可抑止的损失,现在每年损失千分之一个物种。预计到21世纪末,地面上的物种将损失2/3。世界贫富差距在拉大,世界上80%的资源被20%的人控制。他批评美国人口只占世界人口的4.5%,却控制着世界20%的财富,排放世界20%的污染物(中国的二氧化碳的排放率仅次于美国)。他说美国作为最富有的国家,但对国际的贡献在发达国家中却是最低的,美国必须要自省,世界必须要发展。

我认为,中国的发展不能沿用当代西方发达国家的模式。多年前,印度在即将独立的时候,有人问穆罕默德·甘地：印度是不是要沿用英国的发展模式？甘地回答说，英国那个时候达到的发展水平，用掉了地球的一半资源，像印度这样的国家需要几个地球？

彼得·雷文还说，当今世界上大部分人都比较贫穷，美国只是世界的一小部分，全球化是不可抗拒的趋势，为实现可持续发展，美国应当更加人性化地来减少世界上贫穷人口的数目。很明显，地球上很小一部分人持续大量地消耗资源的现状是不能持久的。一个分裂的世界是不能站稳的，如果小部分人富足而大部分人贫穷，人类将无法继续生存。

如何实现一个可持续发展的社会？我们提倡科学技术能作出更多的贡献。我要特别提出来，要增加教育投入，以提高公众的文化水平，这对于实现可持续发展来说是非常重要的。实现全球的可持续发展，能源问题特别重要，需要大量使用可再生能源来代替化学能源。核能当然是非常重要的，中国核能的利用率还很低，大有发展潜力。像风能、地热能、太阳能、氢能、燃料电池等的发展都是非常重要的。主要是看怎样使技术更加成熟，怎样降低成本，怎样大面积推广。

科学家之间的合作，尤其是发达国家与发展中国家科学家之间的合作十分重要。彼得·雷文说：为了做好这一点，发达国家必须放下自己的优越感，把对方看成合作伙伴。人们必须对世界重新审视，进一步进行一场

关于人口、自然资源、环境及可持续发展的一些问题

不亚于工业革命的变革，使世界的可持续发展成为可能。我们必须好好地来审视人类和自然的关系，让我们的子孙后代能够有一个可持续发展的世界。甘地说过，世界可以满足每一个人的需要，但是无法满足每一个人的贪婪。科学家应该更深刻地了解这些，并尽可能多地作出贡献，彼此尊重、彼此合作，来促进世界的协调发展。

人口、资源、能源对环境污染的程度，希望用四五十年的时间实现零增长。除此之外，如何来看待沿海发达地区对全国人民应承担的责任，的确是非常重要的一点。雷文的报告虽然是针对美国人讲的，但对我们同样有很重要的启示。

从1992年开始制订首届"攀登"计划，将纳米材料科学列入这个计划当中，由南京大学的冯端院士与我做双首席科学家，到现在已经有十几年了。纳米实际上是一个尺度，纳米科技就是在纳米尺度上研究物质的特性和相互作用。纳米这个尺度是微米的千分之一，是米的10^{-9}。纳米技术与信息技术、生物技术被认为是21世纪三个支柱技术，引领下一场工业革命。纳米科技对实现可持续发展有十分重要的作用。同时，纳米科技也是信息技术、生物技术发展的基础。介于分子、原子与块体物质中间，处于这一介观的纳米尺度会出现很多现象，为原始创新提供了很多机遇，引起了科学界的兴趣。纳

米技术可以极大地节约资源、能源,减轻对生态环境的压力,有利于实现可持续发展,对传统工业有同样重要的意义。纳米科技将有一个相当长的发展过程,大概二三十年或者更长,就像现在微米技术在这几十年里对世界经济、科技发展的贡献差不多,甚至超过它,纳米技术在社会、经济各方面将产生越来越大的影响。

纳米科技可分为纳米材料、纳米电子学、纳米生物学、纳米医学、纳米检测等若干方面,显示了它丰富的层次和学科交叉。纳米材料是纳米科技的基础。从纳米粉体、纳米颗粒到纳米线、纳米管(纳米碳管)、纳米介孔材料(一维)、纳米薄膜(二维)、纳米块材(三维)。纳米材料由于尺度和结构的特殊性,产生了许多独特的性能。小尺寸效应、量子效应、纳米孔径形成微反应器,组装其他材料,形成量子点、量子线,引发主体—客体的效应,产生特殊的性能——光学性能、电学性能、热学性能,特别是催化、分离这些功能。纳米电子学是非常重要的一个领域,实现在纳米尺度上调控材料成分、结构特性,做成单分子电子管、电路,发展纳米电子学、纳米计算机,的确是一个非常崭新的领域。

纳米材料已得到不断的开发应用,已经有若干研究成果,但是有一点不规范。规模化生产的关键是实现均匀化、好的分散性、稳定性,控制这些方面,方能保持良好的信誉。世界上各个主要国家对纳米科技都有很大

关于人口、自然资源、环境及可持续发展的一些问题

的投入。2001年美国联邦政府决定对纳米技术投入5个亿,2003年投入7个亿,2004年投入8.5个亿,作为联邦政府的投入来讲,这仅次于对反恐的投入。欧盟六国决定从2002—2006年对纳米技术投入13亿欧元。日本从2001年开始,每年对纳米技术的投入已经超过600亿日元(1亿美元)。目前国际上对纳米科技的市场销售预测都是很大的,预计到2014年纳米产品的市场份额将达到2.6万亿美元,占全部制造业的15%。

我们做的一部分工作是纳米介孔材料的研制。孔径介于2~50纳米,是有序地排列的一维材料。分子筛是一大类催化材料,这些年它已经有超过300亿的销售额。它的孔径是可调的,但是都在一个纳米以下(0.6或0.5纳米)。1992年,Mobile有几个科学家合成了介孔材料,比这个分子筛材料大了几倍,进入到了纳米尺度,发现了它的许多新性能,探讨了一些它的合成机理。所以介孔材料家族的发现和发展,为纳米材料和组装化学开辟了一个新的领域。它的特征是孔非常规整,表面有大量活性中心,这个特征非常重要。碳管表面就没有大量活性中心,硅基、铝基、化合物基或半导体基等的表面有活性基因,易于进行表面修饰、改性,介孔作为主体可以组装各种客体材料,形成主客体效应。

下面我稍微谈一下硅基介孔的情况。1998年有一篇研究这方面文章,作者是复旦大学赵东元教授,他是

第一作者，文章发表在 *Science* 上。我们在1997—1998年开始进行介孔材料研究，得到六方结构材料，比表面积大于1600平方米/克，是相当大的。一个很重要的问题是，提高它的热稳定性和水热稳定性，我们已经做了很好的研究工作，比较早的有我的研究生、博士后在1999年、2001年发表的成果。纳米介孔材料的墙体是无定型的，在高温或者水热条件下，它会坍塌。经过无机盐处理，可以将它的热处理温度提高400℃，即从600℃提高到1000℃，而在100℃水热条件下，介孔还保持得很好。后来，又有一位博士后在介孔结构里面引入一点微孔的结构单元，后者是晶化的，在100%的水蒸气下面处理60小时，跟水热处理5天，表面仍然能够保持80%的高度有序，这个成果发表在 *Nano Luff* 上。

下面我谈一谈有序介孔材料的合成、组装及主客体效应。举两个例子，一个是里面组装镉和锌，然后氧化或硫化。硫化锌、硫化镉都是二六族的半导体材料，具有发光性能，可以提高一个量级。我们在介孔氧化锆方面的实验研制工作进行得很好，已经有实际的应用意义。氧化锆同时具有表面酸性位和碱性位的金属氧化物，同时它的离子交换能力也很好，可以成为理想多效的催化剂或催化载体。我们已经很好地合成了有序介孔的氧化锆，它的比表面很大，热稳定性，比氧化硅的更好。我们发现了它在室温下的光致发光性能，很有应用前景。这个成果发表在 APL 上。大家可以看到,它同时发出紫光和蓝光,左边是激发谱,右边是发射谱,热稳定性大于500℃。

最后谈一谈催化问题。在介孔氧化锆材料合成时引入氧化钛或者氧化铈,后两者都可以直接与锆一起进入墙体。氧化钛最大可以参加20%的分子百分数,共同组成锆钛墙体或者铈锆墙体。铈锆是很好的催化剂,因为10年前铈化粉的出现在催化剂方面就是一个革命。我们这方面的有关成果,很多发表在诸如《先进材料》等国际性杂志上。这里举一个例子:铈锆粉对一氧化碳的氧化,差不多要在200℃到250℃以下才可以全部氧化,而我们的介孔铈锆材料可以使一氧化碳全部氧化的温度降低100℃。三效催化作用可以对一氧化碳、氮氧化物、碳氢化合物同时催化,使之变成二氧化碳、氮气或水,温度也只要达到150℃就可以了。之所以说这个研究有意义,是因为汽车尾气主要含的废气是一氧化碳、氮氧化物,还有一些没有燃烧完的碳氢化合物。汽车启动时,温度还比较低(200℃左右),这时尾气的含量比较高,但是现在用铈锆粉作为三效催化,要在500℃才起作用,200℃的时候它的反应还很微弱。所以介孔材料在低于200℃的条件下,就能够氧化还原这些废气中的有害气体,对净化城市的空气环境非常有意义。所以,介孔材料及其纳米复合材料,第一,可以应用于汽车尾气的处理,表现出优异的三效催化效果,这也是我们研究开发的主要方向;第二,因为介孔材料的孔径比较大,比微孔要大几倍,因此对于重化工、石油化工(如重油的催化裂解、渣油的催化裂解)或者制药工业,可以显著地显示其优越性;另外,它在光学器械、传感器等领域也有开发应用的前景。

　　纳米科技是一个重要的R+D领域,我们只要积极参与,持续参与,必然会有收获。我相信纳米技术在不远的将来会不断地对人类的生活、社会、经济的发展产生越来越大的影响,超过过去几十年我们已经看到的微米技术所产生的影响。

世纪材料的思考

李依依

一、"哥伦比亚"号航天飞机残骸材料的冶金分析
二、通用关键材料——航空、航天与核动力材料
三、材料制备工艺的重要性——可视化铸造技术
四、材料展望
五、结　语

【作者简介】李依依,女,籍贯江苏苏州,1933年10月出生于北京,中共党员,冶金与金属材料科学家,1990—1998年任中国科学院金属研究所所长。1993年当选为中国科学院院士。1999年当选为第三世界科学院院士。

　　李依依院士一直从事新材料研究和相变工作。早期在高Mn奥氏体低温钢研究中,做出Fe-Mn-Al系相图与相鉴定方法,发现在低温下存在反铁磁转变及Fe-Mn合金中ε-马氏体形核长大遵循层错重叠及极轴机制,解决了几十年来只有理论推测而未得到实验证实的难题。1980年以来,连续主持5个五年计划国家科技攻关课题,完成6种强度级别的抗氢钢系列,负责合金成分设计与相鉴定并提出技术路线和组织实施。发展了FeNiCr、Fe-Mn-Cr、TiAl、TiNi等10余种合金。获国家和部委科技进步一、二等奖10余项。发表论文200余篇,获得专利33项。

李依依院士曾长期担任中国金属学会副理事长、中国材料研究学会副理事长、辽宁省及沈阳市科协副主席、主席、名誉主席;中国科协第四、五、六届委员及常务委员;中国科学院技术科学部副主任、中国科学院主席团成员;国际低温材料学会理事等职务。1982年获辽宁省劳动模范称号,1988年评为国家有突出贡献的中青年专家。1995年获光华科技一等奖。1996年6月荣获首届中国工程科技奖。1997年荣获何梁何利科学与技术进步奖。她曾是中国共产党第十四大及十五大代表。

目前,李依依院士主要从事特种合金研制的多项国家科技攻关课题和材料制备的计算机模拟与实践,参与主持中英国际合作项目和精密管材研发工作。现任中国科协常委及中国金属学会常委、国际低温材料学会委员,《国际材料科学与工程模拟》杂志编委。

"哥伦比亚"号正被运输到发射台,准备执行STS-107任务

世纪材料的思考

前 言

材料在人类社会的发展中至关重要,它同生物、能源、信息技术共同构成了当今新技术革命的四大支柱。材料的正确应用给人类和社会带来福利;同时,材料也可以因为使用不当或因其质量问题而导致损失与灾难。如"泰坦尼克"号,在世界航海史上曾被骄傲地称为"永不沉没的巨轮",被欧美新闻界誉为"海上城市"。1912年4月15日凌晨,它载着2207名旅客和船员作处女航时,同一座巨大的冰山发生了碰撞,仅仅为时10秒钟,便造成1513名旅客遇难的悲剧。这场海难的一个重要原因在于建造"泰坦尼克"号所用的钢板材料质量低劣,今天冶金分析出的原因首先是钢中S含量过高,Mn/S比值过低,造成MnS沿钢板轧制的纵向呈带状组织分布。其次是由于钢板使用温度比允许温度低了30℃~50℃,这是造成船板断裂的第二个原因。1986年美国"挑战者"号航天飞机的爆炸,就是由于一个密封圈的老化,造成高热气体泄露而引起的。2001年9月11日,美国纽约世界贸易中心遭到袭击并被摧毁。世贸大厦的钢结构具有不合理的搭接式焊接结构,材料又不是耐热钢。在高温下就可能软化,甚至熔化,导致世贸大厦倒塌。

2003年2月1日,美国"哥伦比亚"号航天飞机在完成16天的实验任务后重返地面的过程中发生爆炸。"哥伦比亚"号航天飞机的爆炸,震惊了世人,同时也引起了人们对材料的关注,材料分析是揭开哥伦比亚空难的关键。本文从分析"哥伦比亚"号航天飞机残骸材料出发,讨论航空、航天(低温工程)、核动力领域通用关键材料。主要包括奥氏体不锈钢、镍基合金、铝合金、钛合金;这些材料适用性广、一材多用是国防和经济建设的重点材料。同时,应加强对这些材料的工艺研究和质量稳定工作,保证其使用安全可靠,并指出了材料制备工艺在材料研究和开发中的重要作用,提出了可视化铸造技术。

一、"哥伦比亚"号航天飞机残骸材料的冶金分析

"哥伦比亚"号航天飞机1981年4月12日首次发射升空,它是美国资格最老的航天飞机。"哥伦比亚"号机舱长18米,舱内能装运36吨重的货物,外形像一架大型三角翼飞机,机尾装有三个主发动机和一个巨大的推进剂外贮箱,里面装有几百吨重的液氧、液氢燃料,它附在机身腹部,供给航天飞机燃料进入太空轨道;外贮箱两边各有一枚巨型固体燃料助推火箭。整个组合装置重约2000吨。

世纪材料的思考

▲ 图1 "哥伦比亚"号航天飞机残骸的重组

2003年2月1日,"哥伦比亚"号在完成为期16天的科学实验任务后,在返航途中解体,7名宇航员丧生。灾难发生后,为了查清原因,首先由美国宇航局(NASA)支持组成了调查组,调查组由材料和工艺的工程师和科学家组成。目的是对从得克萨斯州和路易斯安那州收集来的8.4万片大约38%飞机残骸重新组装(如图1所示),提供实际数据进行分析,通过分析和再现的模拟试验来证实这次事故产生的原因。调查组根据以下的结果判断:①残骸的清洗和评估、热分析,以寻找航天飞机爆炸的起源;②对各种材料的冶金和断口分析,如Inconel、Al合金、不锈钢、C/C复合材料等;③机翼上的传感器和机上录音机的结果。在检查残骸时发现连接上下

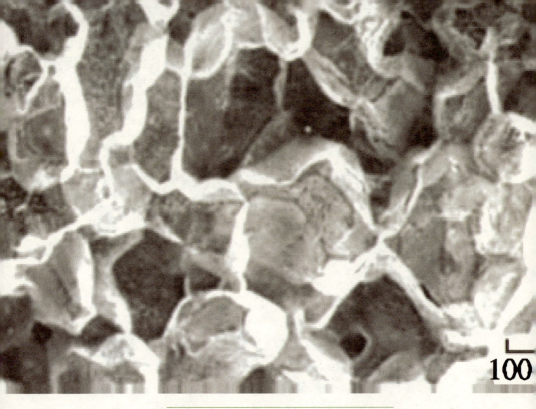

▲图2 显微镜观察的面板紧固件断口

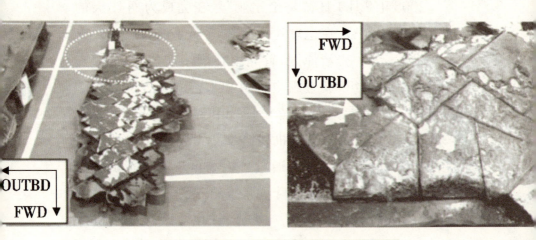

▲图3 面板舱内的弹坑小球和冲蚀花样

世纪材料的思考

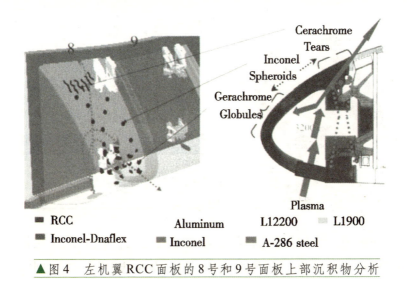

▲ 图4 左机翼RCC面板的8号和9号面板上部沉积物分析

翼展面板的钢紧固件表现出沿晶断裂的脆性断口,如图2所示。图3为中间体面板舱内的弹坑小球和冲蚀花样,表明该处发生很高的局部过热和大量的沉积物。机翼前缘三个部分重点研究了子系统面板隔热瓦,碳/碳复合材料(RCC)面板和机翼构件。这个区域主要分析左机翼前的8号和9号面板附近沉积物成分和观察X射线显示的结果。分析结果指出,高温离子流是从RCC面板内侧缝隙进入,如图4所示。

用SEM/EDS光电子能谱分析指出沉积物的化学成分是Fe、Al、Ni、Nb和C。这些成分虽然不能明确确定是什么合金,但是它们与2000系铝合金、Inconel 601、Inconel 718以及面板与绝缘体有关。图5为左机翼8号

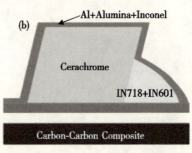

▲ 图5 左机翼8号RCC面板上部沉积物横截面的电子探针分析的金相图(a)及示意图(b)

RCC面板上部沉积物横截面的电子探针分析的金相图(a)及示意图(b)。隔热瓦上陶瓷的内表面上也发现该类沉积物,而其他部位完好,说明沉积物是从隔热瓦的内侧导入的。调查组经过X射线鉴定矿渣为高温转变的多铝红柱石,其形成温度为1100℃。X射线得到RCC面板试样上发现有Inconel 718合金、铝合金等,这是由于机翼左RCC的8号面板横梁及翼展支撑材料是Inconel 718合金、桅杆是A286合金的缘故。

"哥伦比亚"号航天飞机残骸材料分析的结果和肉眼判断以及飞行录音机记录的异常解释是一致的。左机翼隔热瓦受损是"哥伦比亚"号航天飞机解体的主要原因。航天飞机共有两万多块隔热瓦。如果隔热瓦松动、损坏或丢失,将改变航天飞机的空气动力学结构,进入大气层中遇到高温会引起铝合金机身变形,从而导致更大面积的隔热瓦脱落,使航天飞机的温度超过承受极限而导致破裂和爆炸。调查组收集到的分析数据指出：一个很大的热事件发生在靠近机翼左前缘的8号和9号面板之间，融熔渣沉积指出这里温度超过1649℃，能够冲蚀和熔化金属支撑结构、隔热瓦和RCC面板材料。因此，材料分析结果认为："哥伦比亚"号航天飞机在升空时从外储存的燃料箱左侧双脚架处，掉下的一块隔热泡沫砸到左翼碳／碳复合材料面板下半部附近，造成裂缝。在再入过程中高温热离子流穿过此处，使机翼铝合金、铁基合金、镍基合金结构熔化，导致航天飞机失控、机翼破坏和机体解体。在美国得克萨斯州的一个实验室所进行的一次模拟实验中，一个航天飞机机翼的复制品被泡沫隔热材料高速撞击后，留下一道裂缝。这一实验结果为"哥伦比亚"号航天飞机失事提供了最强有力的新证据。

二、通用关键材料——航空、航天与核动力材料

1. 航空材料

"一代材料，一代飞行器"。航空材料反映了结构材料发展的前沿，代表了一个国家结构材料技术的水平。航空材料的特点是轻质、高强、高可靠性。航空关键材料表现为高性能的树脂基和碳基复合材料、高温铁基、

镍基合金和轻质铝合金等。树脂基复合材料用于飞行器外表面,可以降低其重量,从而节省成本。先进碳基复合材料的研究应用于飞机、火箭、卫星、飞船等航空航天飞行器。现代飞机机体材料仍以铝合金为主,钢用量趋于减少,钛合金用量显著增加,复合材料逐渐在承力件上得到应用。现代飞机结构材料的发展趋势是:大力发展高比强、高比模、抗腐蚀、耐高、低温的多功能结构材料,实现结构减重;提高结构材料制备技术,降低制造成本和维护成本。对材料和构件进行全寿命健康检查。航空发动机主要材料有铝合金、钛合金、高温合金以及各类高温复合材料等。表1为航空关键材料的国际评价,包括复合材料、金属结构材料、智能材料和高温材料。

表1 航空关键材料的国际评价

关键材料 Critical Materials	世界技术评定 WTA	
复合材料	中国	·
	俄罗斯	··
	日本	··
	英国	···
	美国	····

续表

金属结构材料	中国	·
	俄罗斯	····
	日本	···
	英国	···
	美国	····
智能材料	中国	·
	俄罗斯	···
	日本	··
	英国	···
	美国	····
高温材料	中国	··
	俄罗斯	····
	日本	···
	英国	···
	美国	····

注：Extensive R&D ...; Significant R&D ...; Moderate R&D ...; Limited R&D.

2. 航天材料

火箭、导弹和卫星的种类很多，根据它们各自的需求不同，所用材料的选择是非常苛刻的。有些要求能抗高温、抗高压，如发动机推进剂药柱燃烧时会产生3000℃以上的高温、6MPa的高压，瞬时产生2500℃的温差热冲击，这就要求发动机的材料具有耐高温、高压的性能。有的导弹的选材则必须能够承受巨大的载荷，同

▲ 图6 波音747飞机载航天飞机(1998, NASA)

时还要具有隐身性能好、抗干扰性强、可耐受恶劣环境等特点。有的火箭使用液氢、液氧作推进剂,这样推进剂储存箱的材料就需要能够承受超低温,还要抗腐蚀。液氢液氧发动机具有推力大、能量密度大、无毒害、无污染的优点,提高了发动机的操作性、可靠性和可维护性。图6和图7分别为采用

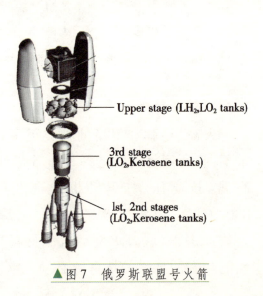

▲ 图7 俄罗斯联盟号火箭

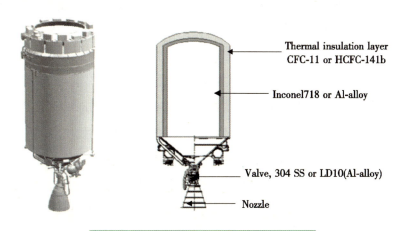

▲图8 液氢液氧燃料箱用合金示意图

液氢液氧推进的航天飞机和俄罗斯联盟号火箭,航天飞机由波音747飞机运载升空后,用大型的装有LH_2及LO_2燃料箱供给入轨用的三台发动机。

长征CZ-3X火箭首次使用LO_2/LH_2发动机,要求低温材料具有高比强度和良好的低温韧性,常用的有奥氏体不锈钢、铝合金、镍基合金、钛合金及碳碳复合材料等,如图8所示。再如"哥伦比亚"号航天飞机的机翼是用蜂窝结构的2024铝合金制成的,而螺栓是用718和A286耐蚀钢制成的。

3. 核动力材料

目前世界上核电站常用的反应堆有压水堆、沸水堆、重水堆和气冷堆及快堆等,但用得最广泛的是压水堆。核动力材料的特点是尺寸大、品种多、要求高。压水堆由压力容器和堆芯两部分组成。压力容器是一个密封的、又厚又重的、高达数十米的圆筒形大钢壳,所用的钢材耐高温高压、耐腐蚀,用来推动汽轮机转动的高温高压蒸汽就在这里产生的。汽轮机的叶片和盘材多是金属材料。所需高端关键材料除了铀合金外,为压水堆蒸汽发生器传热管管材及管支撑材料。反应堆壳体材料要求在350℃、180Mpa大气压下承受高通量密度的中子和射线辐照,采用Cr-Ni-Mo、Cr-Mo-V及Mn-Mo系低合金高强度钢。蒸汽发生器是核动力装置中的核安全一级设备,国外核动力装置运行经验表明,蒸汽发生器传热管事故占整个装置事故率50%以上。因此,核动力装置蒸发器传热管的材料为世界各国所关注。先后经历了奥氏体不锈钢、Inconel 600合金管、Inconel 800合金管以及最近采用的抗应力腐蚀性能更好的Inconel 690合金管。图9为核动力蒸发器用管材超级合金。

  Inconel 718可用作飞机喷气发动机的涡轮盘材料、低温结构材料。同时又是应用最广泛的高温合金,占美国整个高温合金产量的35%,其用途比较广,从发动机的旋转部件和静止部件到高强度螺栓和紧固件,以及核反应堆和宇宙飞船用的部件。

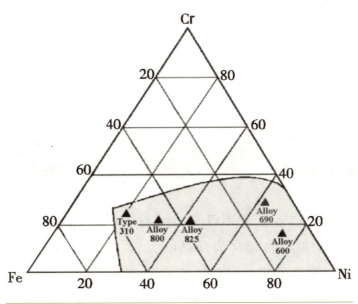

▲ 图9　核动力管材用超级合金(黄色)的Fe-Cr-Ni三元相图

4. 高性能钢铁材料

高性能钢铁材料是应用最广泛的结构材料。建筑、机械、汽车、造船、铁道、石油、家电和集装箱八大行业用去钢铁的95%以上。以汽车为例,汽车用钢所占比例为5%～6%。到2003年为止,汽车保有量为2 421万辆,比2002年增长13%。21世纪钢铁材料仍是主要的结构材料,我国的钢铁工业还有很大的发展潜力。高层建筑、深层地下和海洋设施,大跨度重载桥梁、轻型节能汽车、石油开采和长距离油气输送管线、大型储存容器、工程机械、精密仪器、船舶舰艇、航空航天、新型兵器、高速铁路和公路、核工业、水电和火电能源设施等国民经济的各个部门都需要高性能、长寿命和低成本的新型钢铁材料。

三、材料制备工艺的重要性——可视化铸造技术

材料制备工艺不仅是传统材料提升性能的重要措施，也是新材料转化为商品的关键，况且它本身也已成为一门重要的现代科学。正在迅速发展的无余量加工、激光及粒子束加工以及未来的智能加工系统都将极大地促进新材料的应用及制造业的发展。为加速新材料由研究到应用的进程，必须强调使用行为导向的合成加工过程的研究。美国人已认识到由于历来只重视新材料性能的研究，忽视合成、加工等生产技术的研究，使得它在许多制造业部门落后于日本及欧洲，失去了一个又一个的市场优势。

在材料科学与工程中，除了理论和实践外，计算机模拟已经成为处理实际问题的第三种有效的手段和方法。大型或精密的、高附加值的设备和机器制造中运用材料制备工艺的计算机模拟技术，设计出优化的浇注系统，提高产品质量，稳定生产工艺，提高成品的性能／价

格比中起着极其重要的作用。发展我国急需的、量大面广的模拟软件,开展多尺度材料制备工艺计算机模拟技术是当务之急。

我国铸件产量从2001年起连续三年位居世界第一,正逐渐成为世界的铸造基地。2001年铸件产量1488万吨,2002年达到1626万吨,2003年达到1800万吨,年产值1000亿元以上。但是由于工艺技术落后,大部分铸造生产依赖经验,特别是浇注系统设计一直沿用几十年前的技术。铸件生产能耗高、原材料消耗高、废品率高、工艺出品率低。特别是大型铸件集中表现为加工余量大和"三孔一裂"(即气孔、渣孔、缩孔和裂纹)缺陷。据统计,中国制造业铸件生产过程中材料和能源的投入约占产值的55%~70%。每生产1吨合格铸铁件的能耗为550~700kg标煤,国外为300~400kg标煤。生产1吨合格铸钢件的能耗为800~1000kg标煤,国外为500~800kg标煤。我国铸件重量比国外平均重10%~20%,加工余量大1~3倍以上。我国铸钢件工艺出品率平均为50%,国外达70%。

根本出路是采用新技术,大力开展可视化铸造技术,提高铸件质量,节能降耗,减少环境资源压力,提高铸件合格率和工艺出品率,减少加工余量,实现近终形铸造。可视化铸造技术包括三部分:首先采用计算机模拟软件和现代铸造理论模拟铸件充型和凝固过程;其次是合金的炉前快速分析以及用三维X射线实时观察和监测浇注过程；最后通过实践与模拟、观测的对比，确定浇注系统的设计与改进。

中国科学院金属所与英国伯明翰大学的铸造中心合作，进行了可视化铸造技术研究，提出新概念浇注系统设计原则。借助于X射线观察和计算机模拟手段，认为当铸件的入口速度超过0.5m/s时，容易造成铸件卷气和夹杂，从而引起疏松、夹杂和裂纹等缺陷，图10所示是充型速度对铸件性能的影响。从图中可以看出，充型入口速度由0.5m/s增加到1.0m/s以上时，明显降低了铸件的抗弯曲力学性能。在大量模拟、实验和实时观察的基础上，反复比较模拟与实验结果，优化设计，如图11所示。采用新的浇注系统原则，确保铸件充型过程平稳，

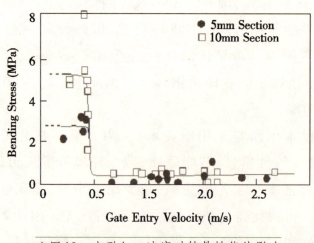

▲图10　充型入口速度对铸件性能的影响

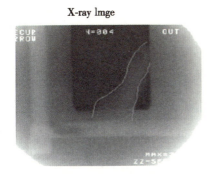

▲ 图11　X射线观察与模拟比较

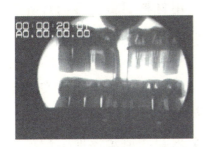

▲ 图12　叶片的可视化铸造生产

减少了铸件缺陷和浇注系统的尺寸。

中科院金属所与英国伯明翰大学采用可视化铸造技术为我国某重型集团公司设计50吨重的大型铸钢支承辊的成套工艺，首次浇注成功，填补了此类铸钢辊生产的国内空白。在小件的精密铸造方面，已应用到叶片的生产上，如图12所示。新的浇注系统体积小、充型平稳、无卷气和夹杂，其良好效果已在生产和实验中得到认证。

四、材料展望

从世界材料的发展趋势看,数种通用关键材料可以广泛应用于许多领域,我国应该尽早建立起具有自主知识产权的关键材料体系。对航空、航天与核动力领域中广泛采用的通用关键材料,如各种钢及铁镍基合金、铝合金及钛合金等进行改进,应该加强其制备工艺的研究。特别是在信息社会,要运用材料制备过程的计算机模拟,达到省时、省力,保证质量和降低成本的目的。同时,提升通用关键材料的品质,克服使用中出现的不稳定状态,并要注意材料研制环境友好评估工作。实践证明装备使用单位和研制单位从设计开始就全程联合攻关,进行材料和设备的健康检查和评估是保证工程进度和质量的重要措施。

我国材料的发展大都跟着引进的设备转,材料发展品种多而杂乱。建议新材料当前要以有限目标为主,按需求建立起我国的新材料及其制备工艺体系。材料发展必须满足环境友好、节约资源、高质量、低成本、符合国际规范等基本条件。应该从我国实际出发、从我国工业、农业、国防、社会需求出发,由模仿转向搞出自己的系列材料。以面向市场和应用为主,因为不能使用的新材料就是无用的材料。强调材料研制和生产自制设备、仪器相结合。强调材料制备工艺的重要性,达到合理的成本及生产材料的稳定。

五、结　语

1. 材料分析是揭开"哥伦比亚"号空难的关键。"哥伦比亚"号航天飞机失事的直接原因是超高温气体从机体表面缝隙入侵左机翼8号和9号面板,熔化了铝和镍基合金等支撑材料,造成机体解体。

2. 奥氏体不锈钢、镍基合金、铝合金、钛合金应用于航空、航天、核动力、低温工程等领域。这些材料适用性广、一材多用是国防和经济建设的通用关键材料及重点材料,应该重视从工艺上进行提高和改进。

3. 可视化铸造技术是提升传统产业,振兴铸造业的关键。通过可视化铸造技术可以改变传统的设计原则,使浇注系统和浇注过程最佳化,节能降耗,生产优质铸件。发展我国急需的、量大面广的模拟软件,开展多尺度模拟与集成是材料制备工艺计算机模拟的当务之急。

4. 建议新材料的发展要以有限目标为主,按需求建立起我国的自主知识产权的新材料体系及制备工艺体系。

"哥伦比亚"号上的七位殉职人员被追授国会太空荣誉勋章 (Congressional Space Medal of Honor)

材料的过去、现在与未来

师昌绪

一、材料的历史演变、"材料科学"
   学科的形成与内涵
二、当前材料科学技术的若干重点

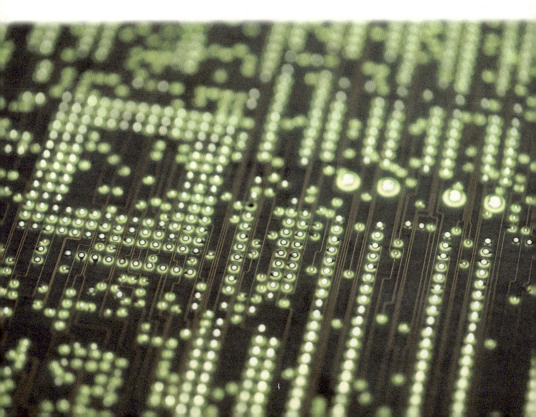

【作者简介】师昌绪,金属学及材料科学专家。1920年11月生于河北徐水。中科院院士(1980),中国工程院院士(1994),第三世界科学院院士(1995)。曾任国家自然科学基金委员会特邀顾问、中国科学院金属研究所名誉所长、中国生物材料委员会主席、国家腐蚀网站领导小组组长、中国材料研究学会名誉理事长等。

1945年毕业于国立西北工学院矿冶系,1948年留学美国,1952年毕业于欧特丹大学,获冶金学博士学位,1952—1955年受聘于麻省理工学院

(MIT)。1955年9月回到中科院金属研究所工作，1978年任副所长，1983—1986年任所长。1982年创建中科院金属腐蚀与防护研究所并兼任所长。

　　师昌绪院士多次主持国家材料及材料科学规划、国家重点实验室、重大科学工程、国家工程研究中心的立项与评估等。他作为我国高温合金开拓者之一，领导开发出我国第一代航空发动机用多孔气冷铸造镍基高温合金涡轮叶片，使我国歼击机性能上了一个新台阶。针对我国当时缺镍无铬的情况，20世纪五六十年代，他主持研究开发出我国第一代铁基高温合金、铬锰氮不锈钢、耐热钢及铁锰铝奥氏体钢，并推广到工业生产中。曾发表论文300多篇，获国家三大奖10余项，包括国家科技进步一等奖两项。2001年7月，国际TMS（Minerals, Metals, and Materials Society）学会评选出2002年度TMS会员奖，师昌绪院士是该年度国际上5位获奖人之一。此外，他还是首批何梁何利科技进步奖获得者，并于2004年6月获光华工程科技成就奖。

材料的过去、现在与未来

　　首先,谈谈材料的定义。材料就是用来制造器皿、器件、装备或装置系统的物质。有用的物质才是材料。从化学属性上,材料可分为:金属材料、无机非金属材料(如陶瓷,石料等)、有机材料及不同类型材料组成的复合材料;从用途上分,有建筑材料、汽车材料、航空材料、信息材料等;从材料特性上分,有结构材料和功能材料等,结构材料就是以力学性质为主的材料,功能材料就是以生、光、化、电为主的材料;从材料发展的历史来看,可分为传统材料——现在我们叫它为基础材料和先进材料——有的我们叫它新材料。材料的重要性不言而喻,材料是人类进化的里程碑。比如说,石器时代、青铜时代、铁器时代都是以材料来划分的人类进化的时代。最近的信息时代,有人称之为硅时代,因为信息时代的基础材料是硅。20世纪70年代,信息、能源、材料被誉为现代文明的三大支柱,到20世纪80年代,出现所谓的高技术群。材料技术是高技术群之一,其他信息技术、生物技术、航空航天技术与海洋技术等等,都是高技术群的一部分。进入21世纪,信息技术、生命技术和纳米技术成为三大重点。下面,我们就来谈一谈材料的历史演变和"材料科学"学科的形成与内涵。

一、材料的历史演变、"材料科学"学科的形成与内涵

1万年前,人类开始对石头进行加工,进入新石器时代,在这之前是旧石器时代。青铜时代,各地开始的年代不同:希腊是公元前3000年、埃及是公元前2500年、中国是公元前2200年,公元前1700年到公元前250年,中国青铜时代进入鼎盛时期,当时商代的鼎可以重达875公斤;隋县(今湖北随州市)编钟非常的精致。5000年前人类开始用铁,到公元前10世纪,铁的产量超过了青铜。春秋战国(公元前770—公元前476年)时期,中国的铁产量领先世界(生铁、韧性铸铁、生铁制钢)。18世纪蒸汽机车的发明,19世纪电动机的发明,促进了钢铁工业的大发展。1856年发明转炉炼钢,1864年发明平炉炼钢,世界钢产量从1850年的6万吨猛增到1900年的2800万吨,50年里增加了近500倍。进入20世纪,特种钢不断发明。现在我们除了使用碳钢之外,还使用特种钢,如高锰钢(13Mn)是1887年发明的,高速钢(18W4Cr1V)是1900年发明的,含硅磁钢(硅钢片)是1903年发明的,奥氏体不锈钢(18Cr8Ni)是1910年发明的,铁素体不锈钢(12Cr)是1914年发明的。当特种钢发明以后,钢的用处显著增多,从此人类进入了"钢铁时

材料的过去、现在与未来

代"。与此同时,人工合成材料又相继出现,而且以其优越的成型性、多用途、投资少、见效快而发展迅速。到上世纪90年代,世界塑料产量以体积计超过了钢,因此,有人说是进入了塑料时代。塑料的发明多得很,如:电胶木(Bakelite)(1909年)、聚氯乙烯(PVC)(1931年)、尼龙(Nylon)(1941年)、丙烯腈－丁二烯－苯乙烯共聚物(ABS)(1948年)等。

世界用量最大的人造材料是水泥,7000年前为埃及人发明,公元100年大发展于罗马,19世纪开始进行科学研究。与此同时,埃及人又发明了玻璃,但也是在罗马大量应用,而它的大发展时代则是在16世纪。

中国的秦砖汉瓦都是在公元前得到大量应用的;中国瓷器到唐代才得到大发展。现代人工合成的工程陶瓷则是近代的事,如SiC在1892年,Si_3N_4成为材料是在20世纪60年代。鉴于这些材料除脆性问题以外,有很优越的性能,因而成为近半个世纪以来的研究重点,但作为结构材料,它们的脆性问题始终没有解决,再加上价格高、难加工,又不能回收,因而限制了大量应用。因此结构陶瓷到现在为止,还没有大量运用,但是陶瓷材料作为功能材料,应用范围极其广泛。

各种材料都有其特点,有的强度高但很脆,有的塑性好但模量太低,因而出现了复合材料。如用于保护墙壁的麦秸与泥巴的混合物、钢筋水泥、玻璃钢等。实际上,生物体很多都是复合材料组成的,解决陶瓷的脆性问题将来也可能采用复合手段,材料的复合是开发现代材料的重要手段,所以复合材料现在的发展速度非常快。

图1为各类工程材料的相对重要性随年代的变化趋势。从图中可以看出材料的发展概况,最初金属是很少的,高分子材料很多,但都是天然的,像木材、皮革、各种纤维等等,这是几千年前的情况。到了1860年,现代合金钢开始发展,金属材料发展很快。到了20世纪中叶,金属材料占了主导地位。到现在,金属材料也还是占主导地位。未来,金属材料还是很重要,但是高分子材料、复合材料和陶瓷材料会逐渐增加,不同之处在于,从天然到人工合成,这是整个工程材料的发展历程。

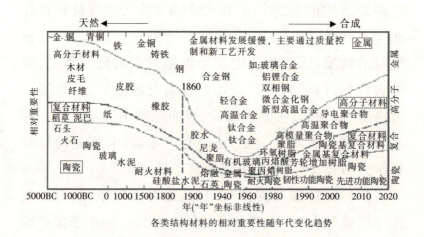

各类结构材料的相对重要性随年代变化趋势

▲图1 工程材料的发展示意图

材料的过去、现在与未来

1948年,科学家们发明了半导体晶体管,代替了电子管。1958年又发明了集成电路,集成电路就是把二极管、三极管及电容电路制造在一块半导体晶片上,称为芯片。芯片的集成度每18个月翻一番,从1958年到20世纪末,40年间集成度提高了100万倍,每个晶体管的价格下降了100万倍,从而计算机可做到小型化、大容量、高速度,且价格低廉,因此得到广泛应用,使人类进入信息时代。人类的信息时代带动了配套功能材料的大发展。

材料科学是在20世纪60年代初提出的,过去都叫"材料学"或"工艺学",但没有叫"材料科学"的。1957年,苏联人造卫星上天,美国科技界认识到材料的重要性,因而成立了十几个"材料科学研究中心",当时也是国防系统成立的,后来归入了美国基金会,"材料科学"这个名词就此开始了。"材料科学"的形成是科学技术发展的结果。基础学科的发展促进人们对物质有了深入的了解,如固体物理、无机化学、有机化学、物理化学等;促进了各材料科学的形成,如金属学、陶瓷学、有机材料学等。

材料的共性:如性能决定于组织结构;复合材料的出现;研究与生产手段以及设施有很多共同之处;材料的相互代用促进了人们对不同类型材料的了解,因而就形成了对整体材料的了解,从而一步一步地形成了材料

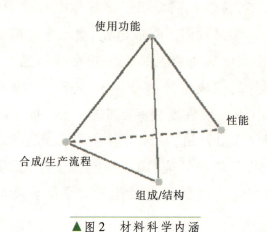

▲图2　材料科学内涵

科学。

材料科学的内涵就是研究材料的组成、结构、制备工艺与流程，以及与材料性能和使用性能之间关系的知识的产生和运用，如图2所示。上述是国际上公认的材料科学四要素。但是考虑到组成与结构不能等同，即相同成分通过不同的生产方式（冶炼、加工、热处理），可能出现不同的结构，从而产生不同性能。这样，成分和结构应该分开，因而材料科学由四要素变为五要素，把它们联在一起便形成了六面体模型，如图3所示。理论处于中心位置，明确了性能和使用性能的关系。所谓使用性能，就是受各种环境影响的性能，如温度、气氛、受力状态等，又叫效能。最近提出来所谓的工程化，实际上，性能经过工程化以后就变成它的使用性能。

材料的过去、现在与未来

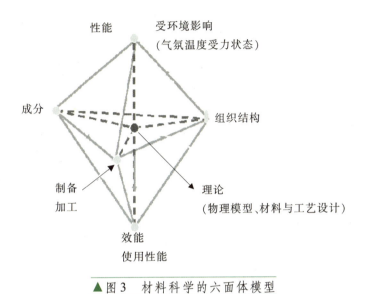

▲ 图3　材料科学的六面体模型

为什么叫材料科学与工程？从下面图4中可以看出来：

通过物理、化学、生物等基础学科，根据市场需求，加上数据库，设计出材料和工艺，然后到生产实验、工业生产，最后得到工程材料。工程材料用于交通运输、信息、医药、农业和机械制造，等等。所有的材料都要经过工程化，因此叫材料科学与工程。我们可以看出来，材料科学的性质是一个应用科学，不是一个基础科学，而且是一个交叉学科。

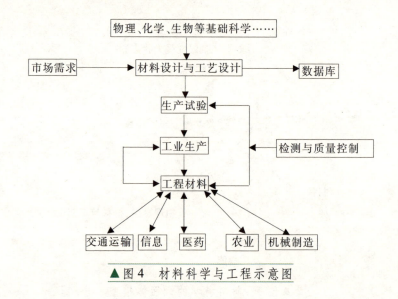

▲图4 材料科学与工程示意图

材料科学通过工程实践而得到可供应用的材料,因此,材料科学与工程密不可分,现在很多大学都叫材料科学与工程系。

所以在多数情况下,材料科学称为"材料科学与工程",欧洲则常称为材料科学与技术(Materials Science and Technology),二者是等同的。

二、当前材料科学技术的若干重点

第二部分我讲一讲当前材料科学技术的若干重点,我提出9个重点。

1. 信息功能材料是当前新材料中最活跃的领域

所谓信息功能材料就是指信息的获得、传输、存储、显示及处理所需的材料。有人认为,芯片是细胞,计算机是大脑,光纤和传感器是神经,这是信息系统的主要组成部分。芯片是由半导体硅(Si)制成的,芯片发展历程如图5。从图5中可以看出,1948年是晶体管,1958年变成集成电路。集成度越来越高,特征线宽越来越窄,2000年为0.18微米,现在是0.13微米。半导体的价格显著下降,价格越来越低,集成度则越来越高。同时,我们可以看到硅晶片的直径越来越大(半导体主要是单晶硅,单晶硅切成片,就是硅晶片)。

一个半导体晶体管的价格与特征线宽的平方成正

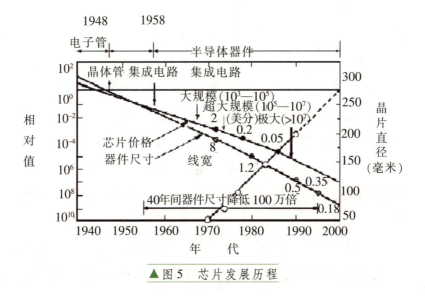

▲图5　芯片发展历程

比,与晶片直径的平方成反比。线宽越来越细,直径越来越大,因此,价格越来越低。因而我们追求的目标就是:线宽愈细愈好,硅单晶直径愈粗愈好。我们可以看出来,集成线路越先进,对硅单晶的质量要求越高。表1是硅单晶发展趋势及要求。

表1 硅单晶发展趋势及要求

	1995年	1998年	2001年
设计线宽(μm)	0.35	0.25	0.18
晶片直径(mm)(寸)	200(8)	200—300	>300(12)
表面缺陷(个数上限)	≤10	≤1	≤1
缺陷尺寸上限(μm)	≤0.12	≤0.05	≤0.03
氧含量(原子%)	0.0029	0.0026	0.0023

这说明尺寸越大,要求越高,硅单晶的生长越困难。

线宽的极限为 $0.07\mu m$,否则会产生量子效应和热效应,制作困难,投资过大;下一代则进入纳米电子时代,如量子点、单电子操纵等都在探索之中;第二代半导体材料是元素周期表中的Ⅲ-Ⅴ族化合物及Ⅱ-Ⅵ族化合物,如GaN、GaAs、InP、GaAsN等。

图6为GaAs相图,有一个最高点,这个点就是GaAs的化合物,所有的化合物都出现了一个最高点。化合物

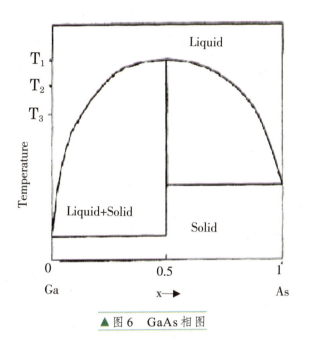

▲ 图6　GaAs 相图

半导体(如GaAs)适用于高频(电子迁移速度高),可以实现电光转换,而成为光传输必不可少的材料。这就是化合物半导体的性质。

化合物半导体的用处非常的广泛。如下面表2所示。

信息的传输由电子转为光子是一个重大转折,因为电子有质量(10^{-31}千克),从而传播速度比光子慢,又产生磁场和热量,而且光传播容量大,成为今天的宽带网。当然,第三代半导体为可以在更高温度下工作的SiC及金刚石,目前正处于开发阶段。

表2 化合物半导体的用途

用途		器件化	化合物半导体
微电子	电脑	超高速IC	GaAs、InP
	手机	FET	GaAs
	卫星	HEMTGaAs	
光电子	光通信	LD(激光二极管)	GaAs、InP、GaSb、InAs
	遥控耦合器	红外LED	GaAs
	室外显示器	可见LED	GaP、GaAs、GaAsP、GaAlAs
	热成像仪		CdTe、HgCdTe
	红外探测器		InSb、HgCdTe、PbZnTe
	太阳能电池		GaAs、InP、GaSb
	半导体光源		GaN

信息传输有多种,光纤是其中信息量最大的一种,如图7所示。

光纤的发展非常快,甚至超过芯片发展的速度,现在已经到了第三代。表3是光纤通信系统的发展历程。

除了无机光纤以外,有机光纤也得到普遍应用,但衰减率较高,多用于短距离传输(如医用等)。

材料的过去、现在与未来

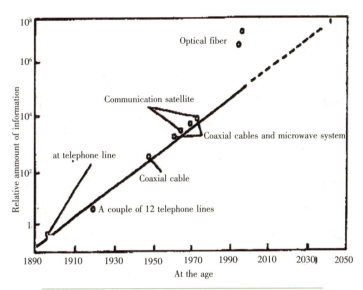

▲图7 不同通信方式相对信息量随年代的变化
（一般电缆3000路，光缆2000000路）

表3 光纤通信系统的发展历程

	第一代 （短波）	第二代 （长波）	第三代 （长波）	第四代 （超长波）
波长(μm)	0.83	1.3	1.55	2-5
光纤材料	石英	石英	石英(P、Ge)	氟化玻璃
激光器	GaAlAs	InGaAsP	InGaAsP	GaInAsSb
探测器	Si	Ge、InGaAsP	InGaAsP	InAsGaSb HgCdSb
损耗(dB/km)	2-3	0.5-1	0.1-0.3	0.1-0.001
传输距离(km)	~10	~30	~100	>500

信息材料中很重要的是存储材料。我们对信息存储材料的要求:一要容量大,二要能实时存取,任意擦写。信息存储材料有磁存储,还有光存储。磁存储的材料如氧化铁等,金属材料比较多。光存储就是半导体化合物,$LiNbO_3$、$BaTiO_3$等等。图8为两类存储材料的对比,光盘要比磁盘高得多。

除存储材料外,还有显示材料。显示材料的发展历程:第一代是电视屏所用显示材料,三基色的材料主要是无机化合物。即,红(760nm):$Y_2O_3S:Eu$;绿(546nm):

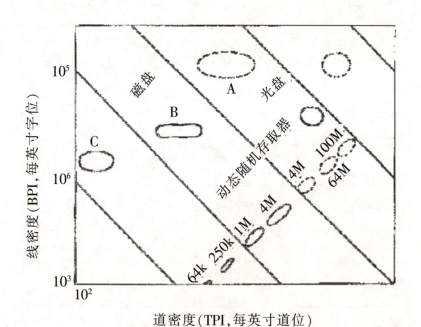

▲ 图8 不同存储器的记录密度

(Zn、Cd)S:Cu:Al;蓝(435nm):ZnS:Ag;第二代是液晶,有机分子的排列随电场而转动方向,使光束被反射或部分透过;第三代是发光二极管(LED、OLED),刚刚达到产业化。它的特点是寿命长,不同方向都可以看到;第四代是纳米碳管,即现在最热门的材料,将来有可能发展成为显示材料。

还有一种敏感材料是非常重要的。因为所有计算机的控制流程都要靠敏感材料,只有敏感而且稳定,计算机才能真正发挥作用。敏感材料的种类非常多,现在已成为一个很重要的学科。这里仅举几种陶瓷敏感材料,如下面表4所示:

表4　几种陶瓷敏感材料

传感类型	敏感材料	原理
压力	$Pb(Zr_{1-x}Ti_x)O_3$	压电
电压	$ZnO—Bi_2O_3$	晶界隧道效应
温度(PTC)	$Ba_{1-x}La_xTiO_3$	晶界势垒
湿度	$MgCr_2O_4—TiO_2$	表面电导
气体	$Zr_{1-x}Ca_xO_2—S$	离子导
电光	CdS	光电导

2. 高比强度、高比刚度、耐高温是结构材料开发的永恒主题

所谓永恒主题,就是说几种材料都要强度越高越好、刚度越高越好、耐温度越高越好,因此它是在不断发展的。比如汽车,如图9。

每减重100千克,每升油就多行0.5千米,污染相应也会减少。当然汽车节油的可能途径有:一是减重,即轻量化,大概占37%;再一个是提高热效,占40%,其中内燃机改进可以提高5%～20%,柴油机可以提高20%～25%,燃气轮机可以提高10%～40%;此外,路况占5%,减少空气阻力占18%。所以汽车节油主要靠材料,包括提高热效、改善路况(路基)和轮胎等都是材料,

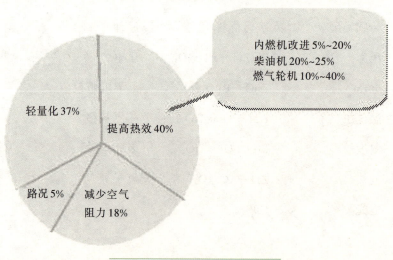

▲图9 汽车节油的可能途径

因此材料在汽车领域占有很重要的位置。

再看看飞机性能的提高，2/3以上都是靠材料的改进，如图10。新材料及改进型材料在对飞机性能的提高中占29%。到2010年，如果飞机性能提高42%的话，材料则占到了29%，可见材料在提高额度内占了69%，在飞机性能的提高中，材料占了2/3以上。所以，整个飞机要想提高性能，就得靠材料。尽管在图中我们看到其他途径也可以提高飞机性能，但大部分还是靠材料。

与飞机相比较而言，材料在宇航中所占的比例更大。材料在宇航中的收益随飞行速度的提高而增加，见图11。

比如说小型飞机速度比较低，减轻1千克所得的收益，其相对值还不算高的话，那么对于超音速飞机甚至是航天飞机来说，它们的飞行速度很高，通过减轻结构所得的经济效益就非常高了。因此对航空航天材料来说，比强度、比刚度的要求就更高，所以人造卫星、导弹对材料的轻量化要求就更为突出。航空发动机对于材料的依赖性更突出，除了高比强度和高比刚度外，还要求耐高温，因为温度越高，效率越高。表5为航空发动机的发展历程。

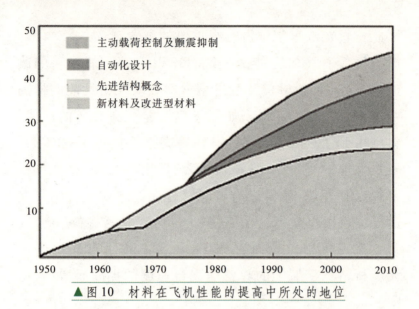

▲图10　材料在飞机性能的提高中所处的地位

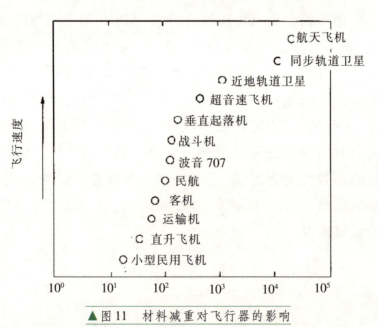

▲图11　材料减重对飞行器的影响

材料的过去、现在与未来

表5 航空发动机的发展历程

阶段	典型发动机定型年代	单位推力	推重比	涡轮前温度(℃)
Ⅱ	1960—1976	<100	<7	<1250
Ⅲ	1977—1997	100~110	7~9	1350~1500
Ⅳ	1993—2010	110~125	9~11	1550~1750
Ⅴ	2020—	125~135	15~20	1800~2100

从航空发动机的发展历程中可以看出，发动机性能的提高，一靠"推重比"（推力/发动机重量），二靠提高涡轮前温度。前者靠的是高比强度和高比刚度，后者需要有耐高温的材料和冷却技术。因此，航空发动机对材料的依靠性比飞机还大，有人说是87%。现在，航空发动机已经发展到了第五代，我国目前还处于第三代，从推重比来看，过去是小于7，现在是10左右，而中国为7~9。今后，推动比可能会达到15~20。涡轮前温度也大幅提高，现在是1500多度，中国是1300多度，将来甚至可以达到2000℃。这就需要从材料上进行改进。从涡轮喷气发动机的结构来看，空气沿飞行相反的方向进入到发动机，首先由压气机进行压缩，密度随之变高，高密度空气进入燃烧室后，温度越高，越能推动涡轮叶片的转动。压缩比越大，温度越来越高，对材料的要求也就越来越高，当然对整个发动机来说，要求是越轻越好，不

然推重比就上不去。

用于发电装置的工业燃气轮机所用材料与航空发动机相似,只是尺寸大、寿命长,表6为两者的对比。

表6 工业燃气轮机与航空发动机对比

	航空发动机	工业燃气轮机
重要的要求	严格	不大重要
工作时间(小时)稳态峰值温度	25000 ＜1000	＞100000 100000
环境影响	不受腐蚀	腐蚀
叶片、轮盘尺寸	小	大

从航空发动机和工业燃气轮机叶片的对比来看,工业燃气轮机叶片比航空发动机叶片重20～30倍,因此制造困难、成本高。

下面对不同类型材料进行分析。一般来说,结构材料可分为金属、塑料、工程陶瓷和复合材料,复合材料靠增强剂(粉、纤维)来改善性能。表7为不同类型材料的主要性能与资源情况。

表7 不同类型材料的主要性能与资源情况

	强度	模量	比重	塑(韧)性	工作温度	资源情况
塑料	低	低	1.5~3	差	低(<400℃)	丰富（可再生）
金属	中—高	中	3~8	良	低—中—高	逐渐枯竭
工程陶瓷	高	高	3~4	极低	高	丰富（Si_3N_4、Sic）
复合材料	高	高	3	中	2500℃	丰富
增强剂	中—高	中	3	中	1000℃	丰富

在汽车、造船、航空、航天与机械制造等很多方面，金属仍是最关键的结构材料。如先进的航空发动机，高温合金占一半以上；为了提高发动机的推重比，钛合金的比例逐步增加。高温合金是采用多元素强化的镍基、铁镍基或钴基合金，使用温度从600℃到1200℃。表8为几种典型高温合金成分。由表8可见，它是一种很复杂的合金。高温合金的发展需要一些比较贵重的金属，如钌（Ru）、铑（Rh）、锇（Os）、铱（Ir）等，它们既耐高温又抗氧化，但是资源有限。另外，涡轮前温度提高到2000℃，超过所有叶片材料的熔点，所以要用冷却方式，图12为航空涡轮叶片的各种冷却方式。高温合金的发展和冷却的方式的改进可以满足目前高温条件的需求。

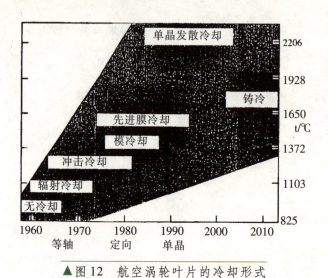

▲ 图12　航空涡轮叶片的冷却形式

表8　几种典型高温合金成分(wt%)

合金	Cr	Co	Mo	W	Nb	Ti	Al	Fe	C
IN718	19	—	3	—	5.1	0.9	0.5	18.5	0.08
Rene95	14	8	3.5	3.5	3.5	2.5	3.5	—	0.16
Udimet700	15	18.5	5	—	—	3.4	4.3	—	0.07
Rene88DT	16	13	4	4	0.7	3.7	2.1	—	0.03
ЭП742	14	10	5	—	2.6	2.6	2.6	—	0.06

　　钛的熔点比镍高,但钛合金的使用温度不能超过650℃,由于其比重小(4.7g/cm^3),所以发动机用量逐年增加。特别是近年钛的中间化合物(TiAl、Ti$_3$Al等)的使用温度有可能达到900℃,问题在于其脆性必须解决。

铝在飞机材料中占一半以上,这是由于它的比重小、工艺性能好、强度较高的缘故。近年来,在铝中加入2%～3%的锂,可提高刚度10%以上,密度降低5%以上,将成为现代飞机重要材料。图13为波音777的用料。下边黑的部分大部分是铝合金,有一部分是钛合金,如起落架等,有的是复合材料。

金属结构材料中最轻的是镁,比重仅为$1.738g/cm^3$,资源丰富,甚有发展前景,因为镁在地球陆地上的金属储量占第四位,而在海水中可以说是取之不尽、用之不竭的。但是强度不够高,也难以加工成形,特别是腐蚀与防护问题严重。铝也容易腐蚀,但在它的表面可以生成氧化膜——氧化铝,它和铝机体是共格的,结合牢固,

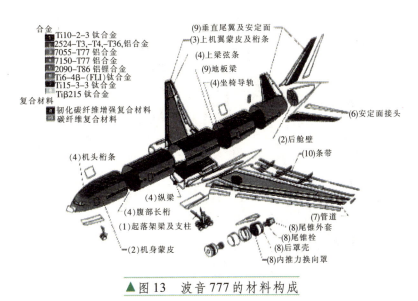

▲图13　波音777的材料构成

但是镁的氧化物和机体结合不牢固,所以腐蚀防护是个问题,属于正在发展中的金属。我国的镁有特殊的优势,资源丰富,劳动力低廉,如去年生产了35万吨镁,占世界60%,且大量出口。我国的镁在世界上非常瞩目,在科学研究方面应加快步伐。

工程陶瓷主要有 SiC、Si_3N_4、ZrO_2、Al_2O_3 等,它们有很多优点。比如:高熔点、低膨胀系数,高温(1400~1600℃)强度好,环境稳定性好(抗氧化与腐蚀),高硬度,低摩擦系数,低密度(2.7~3.2g/cm³)。更重要的是,它们不受资源限制,不像金属有资源枯竭的可能。但是长期得不到应用,主要是成本高,难加工,不能回收,更

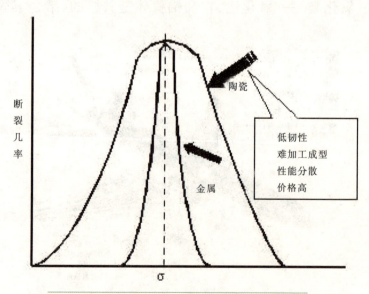

▲图14 工程陶瓷与金属的性能分散度对比

材料的过去、现在与未来

重要的是韧性及塑性太差,临界裂纹允许度太小(微米级),所以制造很困难,只有作为零件还在用,比如汽车的喷嘴、阀门等还在用。图14说明陶瓷性能相对金属材料,其分散度很大,这就是工作陶瓷不能发展的主要原因。

复合材料是发挥材料综合性能的最主要的手段。表7已列出不同类型材料的优缺点,不同材料复合后可以取长补短。

材料可以用颗粒、纤维或片状进行增强。增强体一般采用强度高或模量高的材料,图15为常见的增强体。

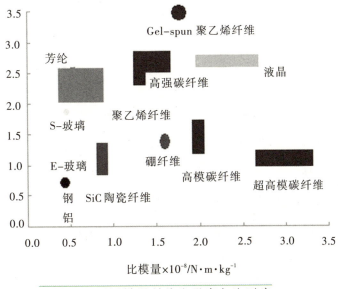

▲ 图15 不同增强剂的比强度与比刚度

可以看出,有机纤维、碳纤维比强度或比模量都很高,而玻璃纤维的性能虽不太高,但价格便宜,用来增强树脂而成为玻璃钢,用量很大。

3. 能源材料有广阔的发展空间

能源材料就是产生能源所需要的材料,有广阔的发展空间。能源是我国2020年实现小康社会最主要的制约因素,届时国民生产总值翻两番,能源只能翻一番。因为我国资源少,再加上污染也十分严重,所以从资源和污染的角度来看,我们要想使国民生产总值翻两番,能源也只能翻一番。那么能源发展的重点究竟是什么,能源材料发展的重点第一个就是提高煤、油、天然气的利用率。表9说明能耗在国内外的差别,所以我们的节能空间还是很大的。

表9 国内外几种能耗产品的能耗对比(2000年)

	单位	国内水平	国际先进水平	节能空间(%)
火力发电	克(标煤/KW/h)	392	317	19.1
钢	千克标准煤/吨	781	629	19.5
水泥	千克标准煤/吨	181.3	124.6	31.3
乙烯	千克标准煤/吨	1210	870	28.0
货车油耗	升/百吨千米	7.6	3.4	55.2

燃料利用效率的提高与材料密切相关,如燃煤发电

机或燃气轮机工作效率的提高需要提高工作温度,而高温材料便是制约因素。现在呼声最高的是氢能的开发利用,氢是最理想的燃料,因为它一是没有污染,二是燃值为汽油的2.8倍。但关键是氢源的问题,它的储存与运输也很困难;储氢材料是安全使用氢的关键材料,所以在材料方面,对氢的应用应该是优先发展储氢材料。表10为几种储氢材料及其特性。

表10 可供考虑的储氢材料及其特性

媒介	储氢量（kg/kg）	储氢量（kg/L）	质量能量密度(kJ/kg)	体积能量密度(kJ/L)
液氢(20k)	1	0.070	14000	1000
MgH_2	0.070	0.101	9933	14330
Mg_2NiH_4	0.0316	0.081	4848	11494
VH_2	0.0207	-	3831	-
$FeTiH_{1.95}$	0.0175	0.096	2483	13620
$FeTi_{0.7}Mn_{0.2}H_{1.19}$	0.0172	0.090	2440	12770
$RENi_5H7.0$	0.0137	0.089	1944	12630
$RENi_5H6.5$	0.0135	0.09	1915	12770

核能是世界上的主要能源之一,有的国家占到75%,如法国占76%。目前,核能主要是利用^{235}U的裂变能,1千克^{235}U的能量相当于2700吨标准煤的能量。它的能量密度高,污染少。但是,铀矿中^{235}U的含量只有

0.72%,其余为^{238}U,利用^{238}U作为燃料,叫做"快中子增殖堆",这种方法1971年在法国研制成功,那个反应堆运转了好几十年,但是后来也停了,因为效率虽然达到60%~70%,但是它用液态金属来冷却,腐蚀严重,容易泄漏,法国和日本都发生过核泄漏事件。它还有一个特点就是副产物钚(^{239}Pu)半衰期长(24000年),容易造成污染。由于这两个原因,"快中子增殖堆"虽然1971年已经研制成功了,但现在还没有真正地产业化,包括法国运行了二三十年也都停了。我们国家在这方面继续工作,特别是用反应堆与加速器联合来进行生产,可以使^{239}Pu再循环而避免污染。当然,其中也还有好多材料问题,特别是腐蚀较重的问题尚待解决。

可控热核聚变反应堆是一个永久的能源。海水中氘(氢的同位素)占0.02%,1千克氘完成聚变放出的能量是^{235}U的4倍,而海水量很大,因此氘量也很大,所以说它是个永久的能源。但是,它也存在一些问题,主要是点火问题,使氘产生聚变需要上亿度的高温,而且要一定的时间长度。现在已经试点过火,美国和欧洲都试过,虽然在物理上是可行的,但是输入的能量和输出的能量差不多;在材料方面,产生中子辐射及氦的产生使材料变质,材料问题是瓶颈之一,目前实验堆点火成功,但距实用化还有很长距离,最快到2050年,也有人认为要到下世纪初。所以说它虽然是个永久的能源,但还是有很多材料上的问题需要解决。

第三个是超导材料。材料有绝缘体($<10^{-7}$),导电率很低;然后是半导体($10^{-7}\sim 10$),导电率中等;还有导体(>10)和超导体。所谓超导体就是电流在物质里面运行不产生热量,也不产生电阻。20世纪初,人们发现超导现象以后,就开发出了适用的超导材料,这些材料都是金属。而NbTi、Nb_3Sn都是现在比较成熟的超导材料。但是这些超导材料都必须在液氦温度(4K,-269℃)下才能运行。1986年,人们发现液氮温度的超导体,液氮温度是-196度,即在此温度下都可以成为超导体,而液氮的获取比较容易。在液氮温度(78K,-196℃)下有超导性能的氧化物目前已有几十种,但达到实用化的只有两种:$YBa_2Cu_3O_7$及$Bi_2Si_2Ca_2Cu_3O_{10}$。所以现在氧化超导也是当前的一个研究热门。超导在电力上的应用很广泛,主要有:一是超导限流器,正常时,阻抗为零;故障时,呈巨大电阻抗,而保证电网安全。二是超导电缆,密度高、损耗小、体积小、质量轻。现在世界上已经在试运行,中国云南也开始试运行。三是超导变压器,极限单机容量高、损耗小、体积小。四是超导储能器,转换效率高(95%),反应快,大功率,可以变成重武器。还有超导电机,极限容量高、损耗小、体积小。因此超导在电气上可以说是有广泛的用途。有人预测,到2020年,先进国家可取代80%的城市电缆。目前,材料学界正在探索室温超导材料的可能性。

第四个是高能蓄电池。蓄电池有很多用途:一是储能(太阳能、风能等),二是动力(汽车、电器等)。举个例子,为什么要发展电动汽车,其中一个原因当然是因为污染少,这是很重要的,更重要的还是节能。原油如果经过发电、输电、充电、转子,其综合效率是每升可以跑50千米;如果用汽油,由于发动机效率很低,所以综合效率就很低,每升就只能跑18千米。可见两者相差近三倍。另外,它的污染也少,发展电动汽车应该说是一条必由之路。目前流行的主要二次电池是蓄电池,有铅酸电池,但是比能量比较小,镉镍电池稍微高一点,氢镍电池就更高一点,锂离子电池差不多是铅酸电池的三倍,所以锂离子电池现在是发展最快的。目前用的氢镍电池比较多,特别是氢氧燃料电池比能量就更高,为锂离子电池的三倍。所以现在电池的发展也是很快的。

第五个是燃料电池。图16为氢氧燃料电池原理图。这种电池现在呼声很高,它是由化学能转变为电能的一种装置。但是其中最关键的材料是离子交换膜,且还需要铂金催化剂。几种典型的燃料电池有磷酸盐电池、熔融碳酸盐和固体电解质电池,但是现在还没有真正实现产业化。

第六个是新能源。石油等化石能源,由于资源有限而且污染严重,因而,现在人们对新能源的呼声很高。

材料的过去、现在与未来

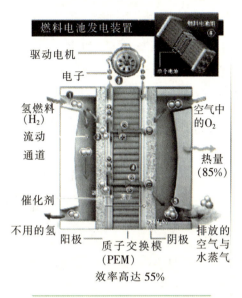

▲ 图16　氢氧燃料电池原理图

由于化石能源的大量开采，石油可维持50～100年，天然气维持100～500年，煤最多可维持几百年。而目前认为有发展前景的甲烷水化物（$CH_4·nH_2O$），虽然其储量可能为化石能源的两倍，但仍处于勘察阶段，因而今后应重点多途径开发可再生能源。可再生能源主要有：太阳能（电磁能）、生物质（化学能）、水能（动态与位能）、风能（动能）、地热、潮汐、温差等。

首先说太阳能，太阳辐射能有$3.8×10^{23}$千瓦，能量很大，其中有$2×10^9$分之一射到地面，1万倍于人类消耗的能量。但是它的密度很低，每平方米大概只有1000

瓦,另外要受气候的影响,因此到现在也没有真正实现产业化。它有两种利用形式:一种是直热法,家用发电;还有一种是光伏转换,就是把光转化为电,把光能转换为电能,这种转换关键是转换材料的效率、寿命、价格和使用的难易程度。表11为几种成熟和正在开发的光伏转换材料。

表11　几种成熟和正开发的光伏转换材料

材料类型	材料	转化效率%
硅	多晶	9~12
	非晶(膜)	6~9
	单晶	~20
化合物半导体	GaAs(晶)	18~20
	Cds,CdTe(膜)	10~12
	$CuInSe_2$(膜)	10~12
有机半导体(膜)		10~12

太阳辐射到地面的能量有2%转变为风能,全球的资源是1.3万亿千瓦,中国是32亿千瓦。目前全世界以30%的速度在增加,因为风能比较现实。最大的风力机叶片可达到100米,叶片材料很关键,它需要高强、低密度、低比重的材料,像碳、碳纤维增强的复合材料或者轻金属,所以这个材料很关键。风力发电在不久的将来估计可占全球电量的1/10。我国的风能,在西北、沿海地区,风力资源还是很大的,我国这些地区的风能应该加

速发展,但这也要求高技术,因为材料问题比较严重!

生物质能指的是燃烧秸秆、粪便、城市垃圾所产生的能量。我国秸秆年产9亿吨,含碳2亿~3亿吨,用以生产酒精。现在有人统计,30吨秸秆可以产生1吨酒精,如此可以产生3000万吨酒精;此外,在干旱地区和干旱地带可以大量造速生林,这些都可以作为酒精的原料。有些高产农作物,像山药、甘蔗,一亩地差不多产秸秆2000多公斤,所以还是值得考虑的,它们都可以变为能源。我想,应该开发、利用多种能源来解决能源问题,因为我们中国石油不多,煤污染太严重,所以多种能源还是有很大的开发潜力的。

不同类型的发电装置的发展决定于发电成本,包括建设投入和运行成本。表12为几种发电设施的投资,但没有考虑运行成本(包括燃料)。

表12 不同的发电技术所需装置每千瓦的投入

技术类型	每千瓦所需装置的投入(相对于燃气轮机)
燃气轮机	1
燃煤蒸汽机	2~4
核(裂变)	5~8
水力发电:大型小型	8~12　15~20
风力机	3~4
太阳热力发电机	8~15
光伏转换阵列	15~20

新材料科学技术集

　　有些发电设施建设费用高而运行费用(燃料)少,如太阳能、水电、风力和核能等,可以大力开发利用,从而提高我国新能源的竞争能力。

　　第七是节能技术。我国能源利用效率比先进国家低好多倍,一方面是产业结构的问题,高能耗的产业比例太大;另一方面是能源浪费惊人。因此以后必须把节能放在十分重要的地位。国家2005年制定的中长期规划就要把它放在一个首要地位。主要的措施是:一、调整产业结构,限制高能耗产业的发展,鼓励高附加值、低能耗产业的发展,像IT产业、精密机械制造产业等,这就要求技术要有自主创新;二、我国工业产品较之国外存在不小的差距,有很大的节能空间;三、重视民生能源的节约,一般来说,民生能源的消耗量占1/3左右。现在的生活能源消耗量很大,仅建筑、采暖就占了10%,与发达国家相比,中国的建筑能耗为国外的3倍。除了建筑设计外,建筑材料也是很关键的,如采用智能玻璃、导热系数低的建材等。

　　当前节能的热点之一是开发半导体照明技术,这大概是我们目前投资比较大的一项技术。电耗仅为传统照明的1/10,寿命可以达到几万小时。当前,我国照明用电占总电量的12%,如果有1/3的照明用电改为半导体照明,每年就可以节约用电1000亿度,而三峡水电站年发电量为840亿度。半导体照明所用的材料主要是InGaN、AlInGaN外延片做成发光二极管,但是技术比较复杂,现在还正处在开发阶段。中国和国外的差距大概也就只有两三年。因此,我国科技部把它列为一个重点项目,因为节能无处不在,所以我在这里就不多说了。

4. 特种功能材料——生物材料和智能材料将得到更大发展

生物材料是指医用生物材料和仿生材料的通称。目前除神经系统外,所有器官都可以人工制造。生物是多年演化而成的,因而模仿生物体的体系结构,对材料的开发会有很重要的启发。表13为陶瓷与生物体一些性能的对比。

表13 陶瓷与生物体性能的对比

材料	模量(GPa)	弯曲强度	韧性(J/m^2)
陶瓷	45	76	12~200
珍珠壳	64	130	600~1240
骨骼	15	270	1700

当前仿生学中更重要的课题是光合作用。植物的光合作用可以使CO_2和H_2O变成淀粉。目前生物学家正在研究光合作用的机理,如果能够采用一种催化剂人工合成,不但能解决CO_2问题,粮食短缺问题也就不用愁

了。所以它是当前最重要的课题之一,仿生和受生物界启发、研制新材料,是当前的研究热点之一。

智能材料是仿生材料的一部分,某些材料本身就具有智能功能,比如说因环境改变而改变自己的性能的材料就叫做智能材料。如变色眼镜,到了黑暗的地方,它就变亮。到了亮的地方,它就变黑了,这就是一种智能材料。不过,有人把它称做机敏材料,因为它还构不成智能材料。而真正的智能材料应该具有识别、分析、判断动作和自修复的功能,这才是真正的智能材料。但是现存的智能材料比较少,往往是由机敏材料就是传感器感知系统、信息传输的光线和光电转换系统、中枢处理系统,以及驱动材料为主的执行系统所构成的。驱动材料的种类是很多的,如形状记忆合金、压电陶瓷、磁致伸缩材料、电流变液和磁流变液等,这些都属于驱动系统。有的智能材料还包括自报警和自修复等功能,以提高材料的使用寿命和安全度。智能系统的应用很有前途。比如,它用于调节机翼可以提高飞机的性能和安全度,用于建筑可以减小风灾和地震灾害等。

5. 纳米材料是纳米科学技术的基础

纳米是一个长度单位。纳米材料只要有一个方向是 1~100nm,就叫做纳米材料。纳米粒子是零维材料,纳米纤维是一维材料,纳米薄膜是二维材料。由于尺寸

材料的过去、现在与未来

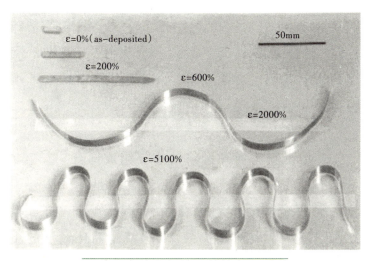

▲ 图17　纳米铜的延展性（5000％）

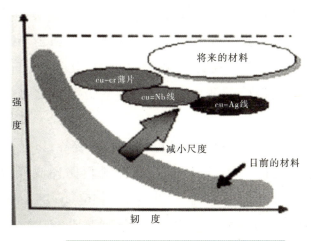

▲ 图18　纳米金属材料的现状与未来

效应、表面效应和量子效应,物质到纳米尺寸往往发生质的变化。如纳米银就是黑色的,尽管银本来是白色的;磁性材料到纳米尺度就会变成无磁材料;纳米陶瓷可以出现超缩性,等等。图17和图18分别是纳米铜的实验结果和纳米金属材料的现状与未来。

6. 环境材料为循环经济的重要组成部分

我们现在提倡循环经济,环境材料是它的主要组成部分。循环经济的核心是有效利用资源。其特点是低能耗、低排放、再利用与高效率,这就是循环经济的主要目标。环境材料就是与环境相协调的材料,它节约资源、能源,减少消耗,无污染或少污染,可降解、长寿命,可以回收再利用。实际上,环境材料并不是指某一类材料是环境材料,而是适用于所有的材料,特别是对量大面广的材料,资源消耗比较多、环境污染比较严重的传统材料特别应该引起我们的重视,要想办法使之成为环境材料。

为了定量地了解材料从生产到做成装备,以及运行和报废全过程的能源、资源消耗及能否再循环或降解的全过程,我们提出了生命周期评估(Life Cycle Assessment)的概念,简称LCA。这一指标用于评价选材与生产流程的合理性。

为了有效利用资源和能源,减少污染,近年来,我们

材料的过去、现在与未来

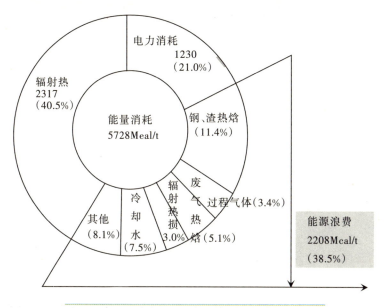

▲图19　日本新日铁在钢生产过程中的能耗

又提出了生态设计的概念,就是材料在开采、提炼、生产、加工、使用和报废整个过程中资源、能源消耗,以及污染程度、可回收比例和能否降解等。图19是日本新日铁在钢生产过程中整个能耗的比例。

新日铁的能源浪费还有38.5%,也就是说,在整个钢生产过程中还有这么大的潜力可挖掘。表14为几种金属回收与从原矿中提炼所需能量的对比。

表14 几种再生金属的节能效果

金属	从矿石中提炼能耗（kw·h/t）	再生金属能耗（kw·h/t）	节能(%)
铝	51379	2000	96
铜	13532	1726	87
钢	6481	1784	74
铅	7910	3176	60

因此回收废料问题是循环经济里最主要的一部分。

循环经济的另一个表现就是再制造工程，如图20所示。

这也是节约资源和能源、减少污染的重要途径。本来，产品包括设计、制造、使用、维修和报废处置等环节，但其中有些报废可以再使用、再制造、再循环或者是环

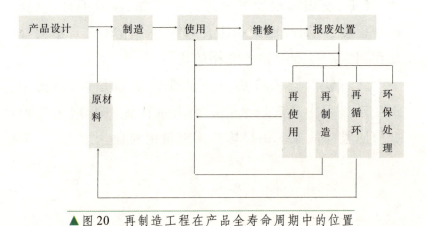

▲图20 再制造工程在产品全寿命周期中的位置

保处理,就是把报废分成四个部分,再制造工程可以归到使用这一部分。现在,它已经成为一个很大的产业了。

7. 材料制备工艺及检测方法的研究与开发将受到更大的重视

材料制备是从基础研究到工程应用的必由之路,提高材料质量是降低成本的主要途径,材料制备工艺是非常重要的。高温超导材料早在1986年就被发现了,到现在已经20年了,仍没有实现产业化,主要原因是没有找出一个好的制备工艺。工程陶瓷材料被大量开展研究已经40年了,也没有达到大规模的产业化,主要也是因为没有找到合适的制备工艺。钢的价格从20世纪50年代至今波动不大,主要是因为工艺不断改进、质量不断提高、收益率提高、能耗下降、劳动生产率提高,因此钢的价格半个多世纪来没什么太大变化。

材料研发和生产过程与质量把关都需要相应的检测手段,特别是纳米技术的开发,没有隧道扫描电子显微镜和原子力显微镜是无法进行的。尽管纳米概念是20世纪70年代提出来的,但是仍未实现,也是因为检测设备的问题。因此,高精度仪器的开发往往成为科学创新的制约因素。陶瓷达到临界裂纹时很容易就断了,陶瓷的临界裂纹在微米量级,目前还没有在线监控的检测设备,因此质量控制变成一个很难的问题。我国在仪器仪表的研究开发与生产方面没有给予足够的重视,所以我们现在都是买国外的检测设备。国外的检测设备至少已经成熟5年了,再拿到我们国家来用的检测设备是落后的设备,所以我们必须要在材料的研究开发、质量控制中研制、发展自己的检测设备。

8. 传统材料必须受到高度重视

我国钢铁、有色金属、水泥、玻璃及人造纤维等产量均居世界前列。有机高分子材料比较落后,前几年有一半靠进口,现在减少了。近年来,它的发展速度也很快。传统材料应受重视的理由为:①量大面广;②资源、能源消耗大户;③重要污染源;④传统材料本身是支柱产业(占GDP的1/10以上),又是其他支柱产业(汽车、机械制造、建筑等)的基础。因此,传统材料必须受到重视。当前存在的问题是:钢与世界差距较小,但是资源缺口大,现在差不多有40%的矿石要靠进口,高附加值产品进口多;有色金属回采率很低,只有30%,而国际上达到70%,且乱采乱挖,精矿出口,成品进口,资源趋于枯竭;有机材料技术和装置基本从国外引进,大的化工厂的设备都是靠从国外进口,所以成本高,缺乏竞争能力;建材以小水泥为主,污染严重、能耗高,原材料控制不够严格,寿命无保证。如何从材料大国变为材料强国,我认为材料强国的标志是:①要有足够的产量;②质量向国际看齐,符合现在的材料标准;③在研发水平方面,要能解决国内材料产业中存在的问题,如攀枝花钛的提取只有30%,稀土材料的开发(含稀土材料、高温超导、NdFeB等)都是国外先发现的;④有些流程能自主开发,主要装备能自制;⑤在人才方面,要有一批国际知名学者和国内学术带头人。制定相应措施,改变落后面貌;采用高新技术改造和提高现有技术;增加投入,制定政策,重视开发;重视人才培养,鼓励从事基础材料的研究和开发。

9. 材料科学与技术的目标是按需设计材料

金属材料的开发,过去主要是通过"炒菜"或"配方"来实现的,就好像抓药一样,没有标准,最多是系统地研究元素或组元对性能的影响,从而最终确定一个最佳成分及其配套工艺。随着科学技术的进步及对物质科学的深入了解,我们有可能实现按预定性能来设计材料,同时确定相关的生产工艺和流程。

影响材料性能的因素很多,很难从第一原理来进行计算,必须建立合适的物理模型和完整而准确的数据库,再加上大容量的计算机,才有可能实现。

材料设计将首先实现于结构不敏感的功能材料。功能材料不是结构敏感,它主要决定于它的原子的种类。如陈创天根据他提出的"阴离子基团模型",曾设计出国际领先的非线性光学晶体。这就是利用新的理论来设计结构材料。对结构材料来说,由于表面、界面、缺陷、杂质等影响,设计起来就复杂得多。

由于纳米技术的出现,改变了材料的研究与开发的模式。过去主要是采用自上而下的模式,如金属材料,先制备出大块材料,而后研究其显微结构及其与性能的关系。但纳米技术可以从原子、分子或团簇出发,根据需要组装成新的材料,促进材料设计的完成。

总之,按需要设计材料是一个复杂的过程,需要多学科交叉,需要不同类型的科技人员包括理、工各类人员的密切合作才有可能实现。尽管它有光明的前景,但还需努力。

结论:

(1) 材料是国民经济的基础,是高技术的先导,我们必须高度重视;

(2) 材料科学是一门新兴的交叉学科,与有效利用资源、能源、减少污染、实现可持续发展有密切关系;

(3) 本文提出了9个材料科学技术应重视的热点。一方面,当前我们要花大力气尽快实现;另一方面,我们要投入一定的人力、物力、财力,为今后材料科技的发展打好基础。

现代化学前沿

赵玉芬

一、化学与人类健康
二、化学与能源
三、化学与材料
四、化学与环境

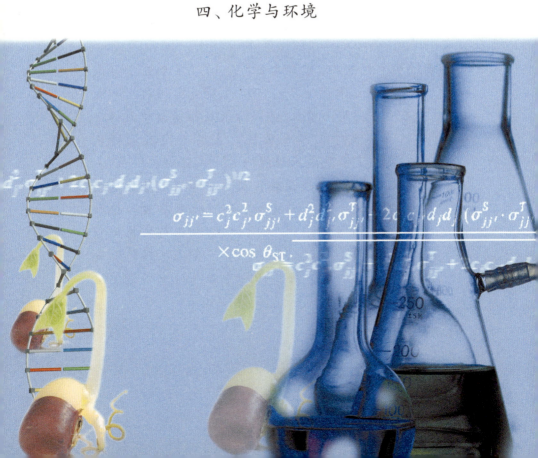

【作者简介】赵玉芬,河南淇县人。1971年毕业于台湾新竹清华大学化学系。1975年获美国纽约州立大学石溪分校博士学位,并在原校及纽约大学做博士后。清华大学化学系教授。主要研究有机磷化学。发现了磷酰氨基酸能同时生成核酸及蛋白,又能生成LB—膜及脂质体。提出了磷酰氨基酸是生命进化的最小系统。发现了磷酰化氨基酸的饱和溶液可以切割RNA及DNA;切割机理与生物化学中水解磷酸二酯键一致。发明了合成抗癌药三尖杉酯碱母核的新方法。1991年当选为中国科学院学部委员(今称院士)。

一、化学与人类健康

人类健康跟化学为什么息息相关呢？主要有三个方面：一是药物的发展，二是医学的发展，三是生命科学的发展。

1. 药物的发展

首先要介绍的是药物发展的新思路。我们国家传统的中药是非常发达的。我们的传统是通过几千年不断地试用，最后找到很多有用的中药。而西药呢，他们以前的传统也是随机筛选，就是能找到什么化合物就拿什么来筛选，最后找到有用的药物。但是现在已经有理可循了：必须以生物大分子尤其是蛋白质、核酸——生命最重要的两大物质——为目标，来研究药物的发展。判断一个药好不好，从做药的角度来讲，就是它的活性要高、无毒，它的药性要很稳定，在卖的时候能够卖很长时间。这是一个好药的必需条件。我们现在已经知道，生命跟生物大分子结构是密切相关的。

图1里有核酸，还有蛋白。对于蛋白质结构，现在已经研究到很细的三维结构了。传统上我们用晶体来鉴定它的结构，图2右边就是蛋白蛋晶体结构。但现在可以用核磁来鉴定它的结构，图2左边是蛋白质在溶液里

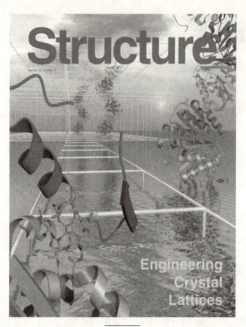

▲图1

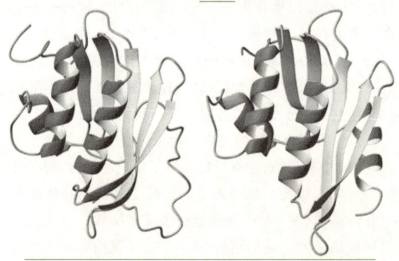

▲图2 （右）蛋白质的晶体结构（左）蛋白质在溶液里的结构

的结构。左右两个结构从表面上看起来大同小异。

从图2左边可以看到有松松的这样一个结构,而在晶体里是没有的。因为它的螺旋在溶液里已经解开了。可以看到,溶液里核磁鉴定的结构跟晶体的结构有不一样的地方。我们身体里大部分应该说是溶液,或介于溶液跟晶体之间的半晶体状态。

但是,单独这样的结构是没有功能的,它具体执行功能的时候是下面这样的。比如说,图3是一个核酸聚

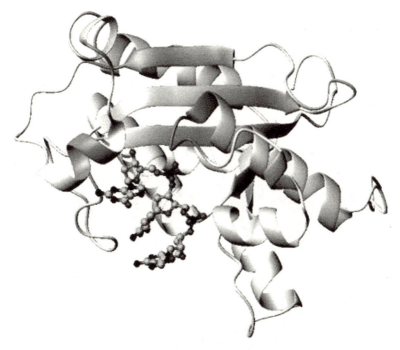

The solution structure of Epsilon-186 domain from the *E. Coli* DNA polymerase.

▲图3 核酸聚合酶与核酸三聚体相互作用

合酶,也是一个蛋白,这里是一个核酸三聚体,当它们相互作用的时候,有一个区会有剧烈的变化。也就是说,当两个东西相遇的时候,一个会把另一个的结构扯一扯、动一动。当然,生命科学能很精确地控制往哪个方向动。

下面再就抗艾滋病药的发展来给各位作一个简介。艾滋病大家听了就害怕,它给人类带来了很大威胁。图4上面的小圆是艾滋病的病毒结构:

图4中大的结构是我们人的细胞——T细胞,或者是巨噬细胞。小病毒虽然很小,但是一旦它进入到我们体内,会把它的信息传到我们人类细胞里,让人类细胞替它做事。到病毒长满该细胞后它又跑出去进攻别的

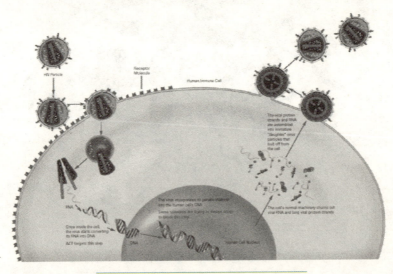

▲图4　艾滋病病毒进攻人的T细胞

现代化学前沿

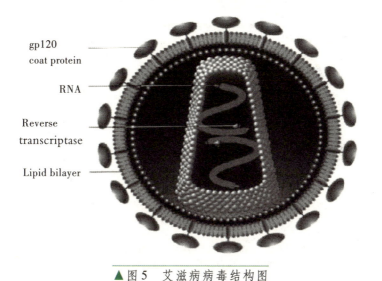

▲ 图5　艾滋病病毒结构图

细胞。图5是艾滋病病毒的结构详图,我们可以看到,这种病毒结构很对称。

最致命的是:它是RNA(也就是核酸类)病毒。艾滋病的病毒信息都在RNA的两条链上,这两条链要进到人类细胞中去。一旦它进入了人体,我们花80年时间也除不掉它,所以它是很可怕的病毒。艾滋病病毒进攻人类细胞的过程见图6所示。

当艾滋病病毒进攻人类细胞的时候,它是先粘上或者吸附到人类细胞去。之后,它就要把其外面的蛋白壳脱掉,把里面的核酸放出来,这个过程叫脱衣壳。脱了以后,RNA不能直接进到人类细胞里,要改成DNA才行,这个关键的环节叫逆转录。通过逆转录就可以用病

143

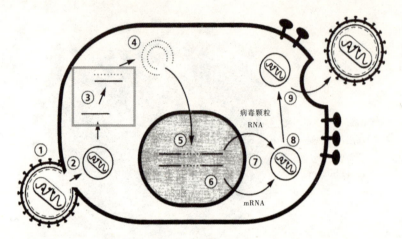

步骤为：① 吸附；② 脱衣壳；③ 逆转录；④ 环化；⑤ 整合；⑥ 转录；
⑦ 翻译；⑧ 核心颗粒装配；⑨ 最后装配及出芽。

▲ 图6 艾滋病病毒进攻人类细胞的过程示意图

毒的一段RNA做出一段DNA来。在做DNA的过程中它就要进入人体内，所以说致命就致命在这里。当病毒进到人类细胞以后，它就施展"模糊概念"的伎俩，反客为主，80年也不出去，这过程叫"整合"。这个整合是致命的。它整合以后再怎么办？开始组装。实际上它不是替人类干活，而是人类细胞工厂替它干活。替它干完活以后它就整装待发，要出去啦。它怎么出去？它出去的关键是打破人类的细胞。它通过一个蛋白水解酶把人类的蛋白打个孔，然后它就从这个孔出去了。然后再去进攻别的细胞。所以这个复制是指数形式的复制，数量是很可怕的。

现代化学前沿

当我们知道病毒的生命史以后，就可以在各个环节攻击它。据说一个瑞典科学家已经找到一个叫CCR5的抑制剂，就是说阻止艾滋病病毒侵入，连吸附都不让它吸附上。科学家发现，有一些人永远都不会感染艾滋病，原因是这些人缺CCR5那段的一个蛋白。于是科学家就专对这个进行研究，不让艾滋病进入，在猴子身上做试验已经成功了。

前面说到它钻出去很重要，但我们可以不让病毒出去，把它憋死在细胞里。控制病毒钻孔，可以用蛋白水解酶抑制剂，它可以堵住艾滋病病毒。以前，艾滋病毒侵入人类后人一定会死。但是美国从1995年开始用一种能够控制病毒钻孔的药，就是蛋白水解酶抑制剂，病人就可以活下来。

以上事例说明我们现在做药的机理已经不是随机的了。下面就讲这个蛋白水解酶，它的结构如图7。

艾滋病病毒要钻孔，要咬住我们人类蛋白上的一个地方，咬开后它就可以钻出去。我们的办法是让它咬住

▲图7 蛋白水解酶

一个假的东西,就像弄个棍子什么的让它咬。它咬错啦,也张不开嘴啦,就咬不到我们的细胞了。这就是蛋白水解酶抑制剂的机理。

首先我们要知道艾滋病病毒会咬哪里,然后我们才能做个假的东西给它咬。所以药物设计的起点就是要模仿天然的底物。一旦病毒咬住假的底物后,功能就消失了。这方面的研究确实是很成功的。在抗艾滋病病毒的药物里最有名的一个药叫AZT(图8)。

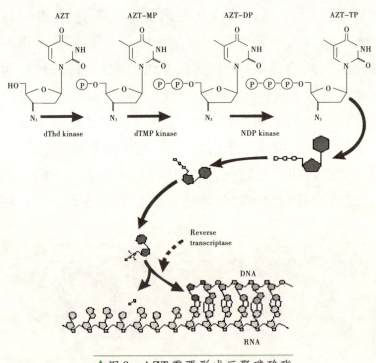

▲图8　AZT需要形成三聚磷酸酯

比如说艾滋病病毒咬住的地方是一个核酸,我们就把仿照这里的核苷做一个假核苷,假核苷进到细胞里之后,病毒和人类的正常细胞都会用它,但是因为病毒复制的速度要比正常细胞快一点,病毒吃得快,也就先死。

有一种叫逆转录酶抑制剂,这和蛋白水解酶抑制剂这两类药联用,效果会更好。因为光用一种药,病毒会有抗药性。

目前我们科学家对抗艾滋病病毒药的研究热点有以下几个方面:一是要对原有的药进行改造,降低毒性,提高活性。也就是第一代、第二代、第三代要在已有的基础上不断地前进。这是一种比较轻松的路线,叫做"Me too"。第二个战略就是我们要寻找新的靶点。前面讲过病毒进入人类细胞后要吸附,这个过程中有八个环节都是致命的,我们可以针对每个环节设计药物。第三个战略,就是对病毒的进攻,多靶点轰击它。"鸡尾酒疗法"就是这样,一个药不行,就用两个。这个方法现在全世界都在用,也是药物研究的热点,我们国家也把它当做当前的战略,如研究艾滋病病毒、癌症、血吸虫,还有治疗容易感染的药、抗炎的药。

这些都是药物的发展过程。从这些例子,可以了解现在研究药的整个思路,就是不能光是随便弄点药进去试试,要有点理性的设计。甚至要对所攻击的目标的生活史很了解,这样才能有新的药物设计思路。

2. 医学的发展

大家可能都听过核磁诊断相对来讲比X射线要温和一点，而且它对活体也可以做，对大脑都可以做，如脑成像技术。现在核磁发展就是造出越来越高的磁场，医院一般用400MHz的，而科学研究已经发展到900MHz。图9是美国的国家医药总署(institute of health)的一个很大的核磁，这个核磁有两层楼那么高。

▲图9 美国国家医药总署的900MHz的大核磁

现代化学前沿

人类要不断用先进的武器来研究其在医学上的应用,或者研究其在理论的应用,而且研究的手段越来越高明。20世纪70年代,研究核磁成像有一个故事。发明它的教授叫保罗·劳特布尔(Paul Lauterbur),他因为核磁成像而获得诺贝尔奖。他是怎么发现这个理论的呢？当时他住在海边,有一天,他到海边用他的拐杖挂了几颗沙子回来,里面包着小小的蚌壳。他用60MHz核磁,把小蚌壳丢在一个细核磁管子里,在一个很小的、很古老的仪器里转几圈,测它的H谱。转了以后可以画出水的曲线图来,最后就画出一个小蚌壳的蚌壳肉的样子。这个物理化学家说："哎,这个有意思啊,我们可以用核磁来成像。"这个理论出来以后,他和他的学生就慢慢把这个探头做大,这样就能放老鼠进去做试验。30多年后保罗·劳特布尔跟另外一个科学家共同获得了诺贝尔奖。核磁成像为人类作出非常大的贡献。

大家知道,现在蛋白质芯片技术很热门,也可以做各种各样其他材料的芯片,可以一直做到塑料板的芯片。以前芯片很贵,但是现在,科学家已经可以用便宜的塑料板来做了。在塑料板里头,把要研究的东西,也就是要诊断的对象,放在很细很细的"channel"上,然后再去跟踪。我们以前做有机化学试验,大家都用到一大堆瓶瓶罐罐,如今已经提出了"lab on a chip",就是说我们以后做有机化学试验不要弄那么多有机溶剂,浪费原料,我们就在这个小小芯片上做试验,做到微克级,1克样品没准让1000个学生做都够了。这多节约啊!它以很精确的量进行化合物的混合,精确的跟踪、精确的检测,是"lab on a chip"的基本概念。芯片上的实验示意图如图10。

假设图10中一个蛋白质,它的尖端的地方是要识别的地方,有各种办法做一个芯片。有一种方法是,把要诊断的东西固定,或者把这个蛋白质固定。还有一种方法是亲和的,就不是固定的。它的检测机理有两种:一种是共价的检测,一种是亲和性的。图10中的三角形代

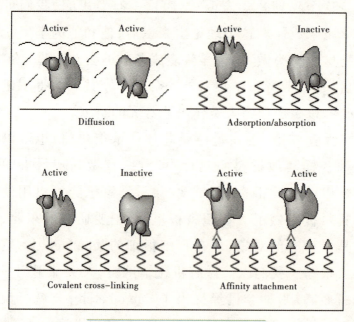

▲图10　芯片上的实验示意图

表我们要检测的目标,凡是能够跟它互补的它就能够检测出来。科学家要不断研究这个概念。比如抗原和抗体,蛋白质基本上还是检测抗原抗体,因为最精确,抗原抗体一旦沉淀在一起,就可以看有没有反应,这是最古老的方法。但是有时候沉淀的,不一定就是抗原抗体,还有很多复杂的原因也会有沉淀。所以科学家必须用更复杂的办法来检测。

我们除了要探测蛋白,还要探测核酸。为什么探测核酸呢?人的疾病大概是因为基因有了问题,突变了、被损坏了等等。人类有3亿个碱基对,如果有几个碱基对变化了,你怎么知道它的变化呢?电化学在这方面可以发挥很有用的功能。传统技术都是用光路,用光的信号会受污染、感染,或受混浊度的影响,但是电的信号可以不受这些干扰,而且还可以无限放大。所以电化学家发挥它的"神力"。电化学家说:"我们能否用电的放大的概念,把它的信号转成电的信号?"就是说,这个识别信号怎么转成电的信号。科学家想得很好,他不能一步到位,就打算间接到位。如果能够做这样一个传感器的话,我们就可以实现高灵敏度、价格便宜,而且不受样品混浊度或光路的影响。电化学希望识别信号以后把它放大成电信号,图11是一个示意图。

图11很复杂,比如说要检测DNA,要用互补的概念,蛋白质用抗原抗体的概念检测。把DNA互补的识别

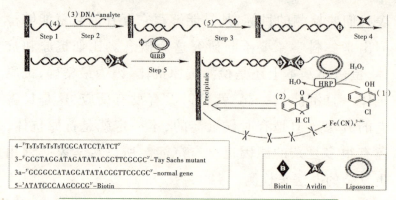

▲ 图11 利用带有HRP(酶)脂和电催化酶反应产物放大DNA杂交的电信号

转化成电信号,要用一个东西把它们连起来。比如说有一段要捕获的目标是要检测的,它们互补。我们在互补的一边加个尾巴,进行检测。检测的设计上是间接的,用到生物素(biotin)。生物素很敏感,它中间又用了一个星状物。星状物算是"两个手"。一旦识别了,就一边抓住要检测的目标,另一边抓住一个电信号的放大基质。当这个星状物能够同时抓住两个的时候才有电信号。所以用这个概念,可以把这个信号放在这样一个地方,用氧化还原的方法,把互补的识别信号放大成电信号。芯片技术就体现在信号的检测、信号分辨率、信号处理上。谁的技术先进,分辨率高,谁就占上风。这是电化学家发挥威力的时候。

　　SARS来的时候,国家要求科学家尽快发明一个方法鉴定一个病人是不是SARS病人。发烧不一定是,但

现代化学前沿

又可能是。所以我们必须把这些可疑的病人放到一个地方,然后赶快检测。问题是怎么检测有没有SARS病毒?有没有病毒应该有什么样的标准?如果把病人的血液跟SARS病毒对比,这样就有个参考点。这给科学家提出了一个很大的挑战。所以化学跟生物科学家就要想个办法,把SARS病毒作为标记。但是用病毒当标记来对比的话,这个病毒跑出去不是又会感染人了吗?我们可以把这个病毒圈在一个壳子里面。这个壳子,其实就像艾滋病毒的壳子那样。这个壳子把病毒关在里头使它不能跑出去,但是能够鉴定它。所以我们把这些要标样的SARS病毒都关在一个地方,叫衣壳,病毒包在衣壳里头,如图12所示。

RNA很容易被破坏,比如说SARS病毒,在外面晒晒

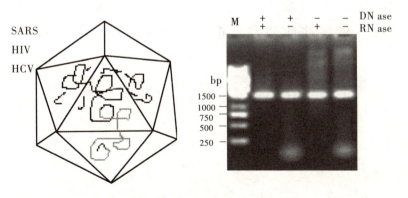

RNA由衣壳包裹,既具有抗核酸酶能力又不具有传染性,用于检测SARS病毒或艾滋病毒

▲图12 用做基因定量检测的质控品

太阳可能就没有活性了。但是制作的这个标样不能晒晒太阳就没了，要保护好，怎么办呢？科学家把病毒关在衣壳里，还能保证它不被破坏，用核酸酶打不断它，DNA酶和RNA酶同时使用，都不能把它打断。科学家只有解决了这个问题，才能在很短时间内判断谁是SARS病人，谁不是。

再讲一个现代医学中超微量分析新方法。我们以前去医院检查身体，要抽血，要留尿样，等等。现在呢？用新方法还可以考虑检查头发，科学家可以用一根头发就判断你哪个月里受到汞的污染，哪个月里可能吃到有毒物质了（如图13）。这是为什么呢？因为我们的头发每个月长约1.5cm。

比如说汞的中毒。科学家把一根头发拿出来，可以从你的头皮开始算起，头皮最接近的就是最近一个月的情况，依次往前顺推。把这根头发剪断，剪成2cm或

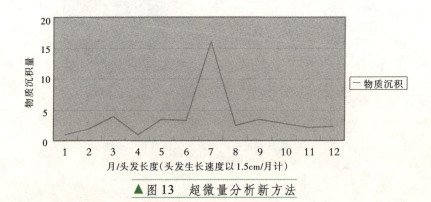

▲图13 超微量分析新方法

1.5cm的小段。然后再把它用盐酸水解后萃取里面的样品,就可以知道该女生的生活环境中汞的状况。这种超微量、超痕量技术可以精细到一根头发的程度。日本已经在使用这种方法了,只要对一根头发进行检测就可以知道一个人有没有吸毒。

3. 生命科学的发展

生命在于运动,这是大家都承认的,不管是植物还是动物。但是这个"动"的概念分析到最后其实就是蛋白质在动。蛋白质结构晶体是固定的、"死的",在溶液里也是"死的"。但是在真正生命科学里它是在运动的。所以,所有的生命、所有的蛋白都要看成是动态的。

图14是一个肌肉蛋白,它像一个轨道一样,另外一个蛋白在它上面走,这叫做直线马达,包括我们的肌肉都是直线马达。有的蛋白质往这边走,有的往那边走,而且它每走一步都需要能量。我们走路也需要能量,需要什么能量呢?ATP。而且给它的ATP越多,它走得越快,这叫旋转马达。我们可以从菠菜里面提出ATP水解酶来,纯化后再固定在一个金属表面上。然后在上面加一个光标记物,照相,看它可以转多快。

科学家已经把我们的生命看成动的状态,但是还有几个什么问题没解决呢?比如不知道它这个动作是怎么动的。现在我们把它想象成像个弹簧。为什么给它

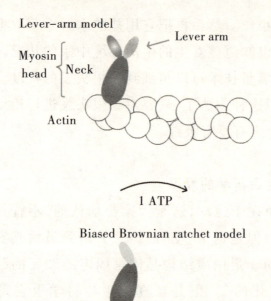

▲图14　分子马达

ATP它就动起来了？怎么动？你可以宏观地说它在动，但不知道它微观的动作。

生命起源也是一个很大的课题。现在连鸡生蛋、蛋生鸡这个问题还搞不太清。生命科学中，先有核酸还是先有蛋白？核酸很重要，因为遗传信息在核酸上；蛋白也很重要，因为所有功能都要靠蛋白来执行。这两个先有谁？科学家有一派说先有核酸,另一派说先有蛋白。

核酸和蛋白之间的关系是什么呢？它们之间的相互关系应该早就建立了。我们实验室做了一个试验,把氨基酸跟磷接在一起以后,发现不需要核酸,它自己就能够长成多肽,即蛋白的前身。如果有核苷在,它也能使核苷变核酸,所以说这个东西既可以生成核酸,又可以生成蛋白。它是不是鸡跟蛋的共同祖宗呢？实验依据证明了这个系统既可生鸡又可生蛋,所以我们就提出核酸、蛋白共起源学说。

当然我们要问生命起源,DNA也很重要,DNA全部的重量里有9%是磷。但是别的科学家说:"磷有什么重要啊？为什么不用硅呢？"为什么就用核糖做核酸的骨架？为什么选择α氨基酸做蛋白骨架？为什么用左旋的氨基酸不用右旋的？这些都是很重要的问题。在化学进化里也有几个大问题要问:核酸重要,为什么要选磷？蛋白重要,为什么从病毒到人类都用一样的蛋白质骨架？都用一个α氨基酸？这些问题就是化学进化的一些基本的问题。

二、化学与能源

我们国家使用最多的能源是煤,所以我们国家非常关注对煤的清洁利用,科学家也花了很大的力气来研究

新材料科学技术集

它。关于能源,比如说煤、天然气、核能,它们转化成电能的成本,科学家计算出来的都差不多。即使是核能,我们以为是高技术,一定很贵,实际上其成本现在也可以降到跟煤、跟天然气很接近。所以,像欧洲一些国家,对核能用得很多,有的发达国家已经占到1/5了。我们国家煤的使用量占到了50%。怎么在煤燃烧过程中控制它的污染?怎样脱除SO_2?还有可吸入颗粒也是一个很大的污染,它会转移,怎样控制它?怎样回收CO_2或资源化?怎样处置氧化氮的复合物?这些都对人类有很大的危险。

全世界都很关注生物能,因为它可以再生。有些科学家估计,到2050年,我们对生物能的利用可以占到40%以上。这样我们人类的生存才不会受到威胁。如果只靠非再生能源,煤烧完了,油烧完了,怎么办?难道靠战争?不能为了争夺能源而发动战争了。如果大家都用可持续的生物能,就好多了。

生物转化办法非常多,最原始的办法就是发酵,可以生成沼气,发酵成酒精。这也就给人类提出一个方向,不要靠化石的石油,要靠绿色的、可以不断生成的"石油",即"绿色石油"。生物质能的转化,从美国、瑞典、奥地利三国来看,已经占很高的比例。尤其是瑞典,占到了16%。

垃圾也可以综合利用起来,比如垃圾处理以后可以烧气、发电,而且产生肥料,甚至可以用发酵法来处理垃圾。巴西产很多甘蔗,他们用甘蔗来发酵乙醇已经有很久的历史了。现在巴西的汽车用的燃料50%是来自于甘蔗,所以巴西是一个接近绿色石油的国家。我国的河南省也在用淀粉发酵酒精,做汽车燃料,并且在大力推广。因为我国有大量的秸秆,能不能不要烧掉?能不能综合利用?现在有些科学家用枯草杆菌就可以把秸秆发酵,除了产生沼气以外,还可以把它变成畜牧业用的饲料。比如,纤维素很难降解,但是用枯草杆菌可以把它降解掉,降解以后猪等牲畜都能吃。所以说秸秆烧掉太可惜了,一定要把它转化,让它效率更高。因此,我们应该多考虑生物质能。

三、化学与材料

材料是很热门的一个领域,因为我们要不断发展新的材料。纳米材料有很多,有有机纳米材料,有纳米的复合材料,还有可再生的仿生材料、生命材料等。

蛋白质能组织复杂的生命,那么我们利用它的原理和方法,是不是可以制造新型的材料?这种就叫做有机的纳米材料。片状的蛋白质在不同条件下可以把它变成螺旋状。片状蛋白跟螺旋状蛋白不断组合,就可以组合出不同形状的人类的蛋白质。金属上挂上各种有功能的肽蛋白质就可以组合成各种材料,然后做各种用途。像生物芯片技术、DNA芯片技术,就是靠这种技术。

刚刚说蛋白质、核酸都是基本结构,不断组合后就能变成复杂结构。那我们能不能学它这个样子来组成其他东西呢?比如用一个最简单的棒棒,这个棒棒有一端疏水,另一端亲水,能不能组成球状的东西,组成管状的东西,组成各种样子?科学家就是希望用这种基本的概念来组装成各种有意思的结构。

图15中V是颉氨酸,是一种氨基酸,有六个V即V_6,

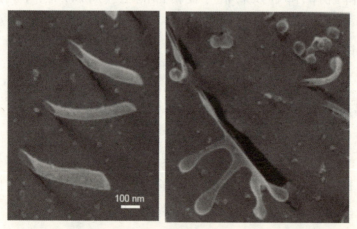

V_6D 的 TEM 图像:样品可以在液体丙烷中凝固而且表面覆盖一薄层的 Pt 和 C。这种技术可以在溶液中保存结构。纳米管和囊泡结构可以很清楚的在图中看到。

这些肽在水溶液中自组装成30~50纳米的超分子结构,通过TEM透射电子显微镜可以观测到它们形成了一种直径约30~50纳米、长几个微米的管状结构。

▲图15

D是天冬氨酸。就这么七个氨基酸,也是很小的一个单元。用液体的丙烷,在很低的温度,-70℃或更低,把它溶了,然后在它表面挂上一层白金,或者碳,结果它就变成像塑料管一样了。但是这个"塑料管"并不是塑料,它是一个物质,有机的、有生命的物质。肽、小肽、氨基酸,都是生命的基本单元。你看我们的血管,就是个管状物由蛋白质组装的。用这种简单的材料可以做出囊泡,等等。

为了制作满足特定需要的材料,在材料科学、材料工程和纳米技术上的研究很大程度上得益于生物化学、分子生物学和细胞生物学的知识。肽的多选择性使得通过自组装设计所需的结构有着更多样的作用。接下来的研究重点在于控制自组装的一致性,即为纳米技术的应用指定一个严格的标准。

如果疏水的东西圈在一起,亲水的一圈在外,一圈在里,它就变成一个中空的,像一个橡皮筋一样。但是这个橡皮筋不断组装,长长的,摞起来,千千万万个摞起来,就变成管状了。这就是在控制。再如图15,V_6和D,虽然是简单得像火柴棒一样的东西,能够组装成复杂的结构。

比如一个多肽,有赖氨酸、苯丙氨酸、天冬氨酸。这样的8个多肽按照顺序联起来,可以组装成一种左旋的螺旋的东西。电子显微镜下可以看出它的结构。这个东西在水溶液里可以形成左旋的螺旋带,然后在云母里面沉积8分钟,就变得像天津麻花一样。但是放4天以后它就会从麻花再变回来,变成纤维状。所以在这里它的特点和无机材料不一样,它可以变成最简单的一个单元,它可以是有序的、有方向的,可以控制的。

肽和蛋白质自组装是我们加工很多分子材料包括像纳米尺度的纤维或纤维网状骨架的一种很有前途的方法。我们在合成纳米尺度的结构材料上的努力研究已取得一些显著成果。但是当前,关于自组装过程的动力学我们还是所知甚少,自组装是一个有着不同中间物的多步骤过程,研究这些中间物的表征和结构的变换对于进一步理解和控制肽自组装有很重要的意义。

图16中的结构,是怎样从一个小棒棒一直摞成一个带子状的?这个带子状说明它有一边亲水另一边疏水。但是它本身一开始像麻花一样,然后这片跟那片就夹起来。两片夹住了,又变成一个更大的麻花。然后它就变成一条条的纤维了,接着它就组装起一个像管道一样的东西。它是怎么组装一个人出来的呢?简单的一个火柴棒样的东西可以变成这样复杂的东西,不是随机的,它主要依据物理跟化学的原理。刚才说的那个样品,一开始是麻花状,久了怎么就变成纤维状了呢?并不是人去控制它,而是它自己转,慢慢它就转型了,所以称之为智能式的材料,或者生命式的材料。它能自组

现代化学前沿

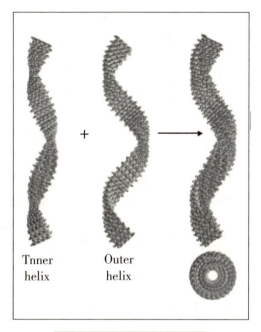

▲图16　蛋白质的自组装

装,所谓自组装是一种有着不同中间体的多步骤过程。研究这些中间过渡态的表征、结构、变化,才能够进一步控制肽。

要设计纳米的生物材料,就要通过蛋白质、多肽的自组装,就是说有机材料跟无机材料是不一样的。无机材料很多时候是要高温的,烧一烧,就烧出来了,而我们现在这个材料是自己长成的。

纳米复合材料更复杂。这个材料是人工智能设计的,它有五个区域。

科学家要用五个区做一个很奇怪的材料,就要控制很多地方,不是简单的一个疏水一个亲水就完了。要控制巯基,控制磷,磷要干什么呢?它可以跟钙离子结合,可以帮助羟基磷灰石直接钙化。我们的骨骼、牙齿,都是羟基磷灰石的衍生物。我们的牙齿不是简单的一个石头的样子,而是活的,它上头有很多蛋白质,有血管等等。科学家把整个结构放在一起要设计一个很奇怪的结构。假设把药物包在里头,这个结构表面就是去识别细胞、进攻细胞的。比如说去粘住细胞,因为这些材质都是蛋白质骨架,会水解,会掉下来,这样就可以把这个材料带到细胞里头了,起码带到细胞上面。这就是一种复合材料,人类可以控制这种材料。

如果做人造牙齿或人造骨骼,这是一个最重要的材料。它上面带着磷,可以把钙接起来。它是不是钙化了呢?确实,钙就沉积在上面。他可以测出这个纤维上什么地方有钙,钙跟磷的比是1.67,跟天然骨骼接近。所以它可以做人造骨,做修复材料,而且可以跟活的细胞粘在一起,因为它有细胞识别系统。所以这个材料是很聪明的材料,不像简单一个补牙,弄个羟基磷灰石敲进去就完事儿。从最简单的一头亲水一头疏水,长成一个血管一样的管状东西,一直到可以做帮助我们钙化的系统,这些都是靠科学家的智能所做的基础研究。

可持续发展能源,需要可持续发展材料。可持续发

现代化学前沿

展材料从哪里来？就是跟大自然要。当然木材很多，像我们做桌子这些木材，都是很重要的材料，含纤维素。还有一类大的材料我们很少用，叫甲壳素。甲壳素，又叫壳聚糖，广泛存在于低等动物里面。大家都知道虾和螃蟹的外壳、昆虫的外壳和骨骼以及细菌的细胞壁，都有这个甲壳素。自然界每年生成的甲壳素有10亿～100亿吨，是我们大自然第二大可再生天然多糖，同时也是天然的唯一的碱性多糖。只是我们用得还不多。科学家已经把它的结构分析到最基本的结构。纤维素的结构像糖类的结构，但是纤维素上没有氨基，甲壳素上有氨基。

那怎么对虾壳、螃蟹壳进行应用呢？科学家研究后认为：脱钙，脱蛋白质，然后再漂白干燥，就能得到甲壳素；再脱乙酰基，就能获得壳聚糖。得到壳聚糖后，怎么研究它？甲壳素和壳聚糖的物理性质怎样？阿拉斯加的螃蟹跟我国渤海螃蟹不一样，阿拉斯加很冷，在那里，螃蟹的壳里提的甲壳素的相对分子质量有几百万，它很硬，因为要耐寒耐高压，这是在很深很深海里的螃蟹；而我们渤海没那么冷也没那么深，所以从渤海螃蟹里提的甲壳素只有它的1/10，而且比较薄比较软。

甲壳素这么丰富这么便宜，有很多优越的性能：可以成膜，可以变纤维，可以吸附，可以螯合，还有生物活性，可以降解。螃蟹壳也可以吃，只要能够把它变成壳聚糖。壳聚糖应用在哪里呢？人类所有生活领域都可以用到：污水处理、重金属回收、食品、化妆品、农业、医药、生物、纺织、造纸、烟草等等。当然目前对它的宣传不多，实际上它是很有用很重要的东西。

我们就讲在环境里面怎么用，那就是絮凝剂。因为有的时候污水里糊糊的一大堆东西，把甲壳素一倒进去就能把它们粘成块，就能处理沉淀。也可以把有毒的重金属螯合掉，比如汞和镍。它的机理很简单，因为有氨基和羟基，两者可以很好地络合，络合后就可以把重金属带走。

食品工业方面的应用也很多，比如说增稠和保鲜。它可以形成一层薄薄的壳，保护水果的表面。而且它无毒，可以吃。它不是简单的那种保鲜膜，丢掉会污染环境，而且它保鲜防腐的作用很好，所以可以用在肉类上。

透明质酸（HA）是目前公认的最好的保湿剂，它是从牛眼、鸡冠、人的脐带等特殊原料中提取的，近年也从某些细菌如马链球菌中提取，由于资源和提取工艺的限

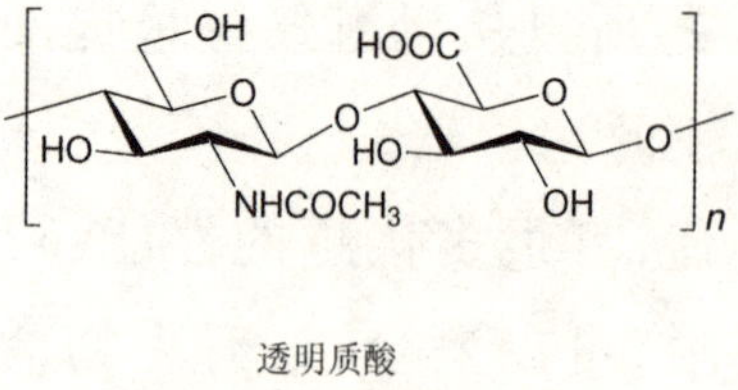

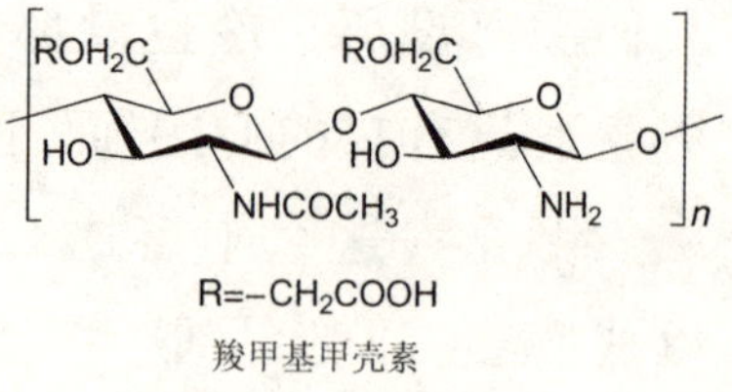

▲图17 透明质酸与羧甲基甲壳素的结构以及特点

制,这种天然保湿剂的价格还十分昂贵。

甲壳素的结构与透明质酸的结构很相似,见图17,主要差别在于透明质酸中有羧基。于是人们模仿透明质酸的结构,研制出羧甲壳素,其性能已接近透明质酸,而且具有透明质酸所不具备的抗菌性。

从牛的眼睛、鸡冠、人的脐带中可以提取透明质酸来做药。在外科手术的时候,组织会粘在一起,必须加入透明质酸进去,保证我们的组织,比如肝才不会粘在一起。透明质酸在医学上是很重要的,但是甲壳素跟它可以相当。两者的结构类似,但甲壳素的R上有个羧基基团,所以它可以代替透明质酸的功能,而且可以抗菌。它可以模仿透明质酸,只要把它改造一下就可以了。所以在医学上可以降脂降胆固醇,抗血凝血,它还可以提高免疫力,控制肿瘤,等等。例如"虾壳绷带",就是很好的医用纤维跟人造骨质的材料。

四、化学与环境

化学跟环境的关系也是非常密切的。治理环境,已经被全世界当做首要问题了。那些持久性有毒的物质,如果在环境里不能消除的话,是很危险的。所以分析很重要。对有毒的物质,我们要将它分析侦测出来再检查对环境有什么影响?有没有致癌物?对人体有哪些间接干扰？还有怎么样把它消减，控制污染？我们以水为例。因为沙漠化很可怕，以后可能水比石油还贵。如果没有直接的淡水源，就需要把海水淡水化，我们也要保护海水的资源。

对大气污染的控制，也是一个很大的领域。大家都知道酸雨是从污染的大气降下来的。还有汽车尾气的治理问题已经成为我们国家的重要任务。怎么治理？汽车尾气里有什么污染？汽车尾气的罪魁祸首就是氮氧化物。

这些氮氧化物对人类、对动物、对植物都有害，还可以跟其他的污染物再发生链反应，形成化学烟雾。我们说大气能见度低的时候就是有污染了。伦敦以前是雾都就是因为伦敦工业发达，有严重的气体污染。

酸雨里由于NO变成硝酸，酸雨落下来植物就会死掉，直接影响农作物，另外老百姓健康也会受影响。而且它会使空气中的臭氧层形成空洞，这是很可怕的。NO会刺激呼吸道。如果能够和血液中的血红蛋白结合成亚硝酸血红蛋白，还会使人中毒，而且它的结合力比CO还大。我们知道CO会中毒，长期接触NO更可怕，会使呼吸器官受伤，慢性中毒，最后导致死亡。

SO_2也会污染环境，一般SO_2在空气中存在几天就变成硫酸，降到地面也是酸雨，成为远距离污染源，并且它是可以流动的。

现代化学前沿

　　碳氢化合物也是有毒的东西，它会形成很毒的光化学烟雾，成为致癌物。它会对核酸起作用，而且对家畜、水果等都会造成破坏。我们要怎么治理它呢？现在有一个催化剂叫三元催化转化器。为什么叫"三元"？我们刚刚说的 CO、SO_2、碳氢化合物，这三个物质都是致命的。把三个清除掉，三个都转化成无毒的，所以叫做三元催化转化器。现在很多先进的汽车都要加这个东西。汽车越来越多了，不加的话汽车造成的污染会远远大于烧煤的污染。但是这个催化器比较贵，怎么研究它呢？科学家研究各种材料，最常见的是蜂窝的结构。因为蜂窝的表面积很大，有毒的物质容易吸在这个蜂窝上。吸上去以后，我们就用催化剂破坏掉。这个催化剂是什么呢？以前用的催化剂很贵，用的是贵金属，如铂、铑、钯。而且几年就要装一次，因为之前的无效了，蜂窝都塞满了。贵金属的成本太高，怎么办呢？用非贵金属可不可以呢？可以用稀土。我国是产稀土大国，所以就考虑用稀土作为催化剂，用于污水处理。

　　当然上文讲的这些只能治标不治本，要怎样才能治本呢？就是不要用汽油，用我们刚刚说的污染少的动力。比如用电动汽车，或者用太阳能汽车，要转化能源的来源，要达到零排放可不可以？催化剂零污染能不能达到？这是我们努力的目标。能源的改变，电动汽车的改变，都是一个方向。从微观上就是要把这个污染根源——汽车尾气消灭掉；从宏观上就是要充分利用太阳能、生物能、地热等等；或者是保护环境，控制人口。

　　接下来是土壤，土壤沙化更难治理。尤其对我们这个农业大国，土壤的治理很重要。土壤跟植物相互作用、土壤环境的控制，尤其是农业的清洁生产，是近来研究的热点。因为我们国家农产品要出口，要深加工，少用农药，不用肥料，是不是就没有毒了呢？不是。如果土壤里有毒的话也不行。像南方有些茶叶不让出口，为什么？有的说茶叶里含砷多，就是因为它生长的土壤里是含砷的。哪来的砷呢？就是从肥料里引进的。土壤怎么治理？等污染以后再治理就很麻烦。所以农业科学家也给我们提供一个课题：土壤里农药多了，我们的茶叶就不能出口了，怎么办呢？能不能用微生物治理加化学治理把土壤里的农药破坏掉，消灭掉？这就要化学家和生物学家一起合作。我们的土壤如果很贫瘠，就要施磷肥。但是我们的土壤里其实是本来就有磷的，植物为什么不能直接利用呢？因为土壤里的磷叫无机磷，它会变成羟基磷灰石，这种物质像我们的骨头那么硬，硬得植物都不能吸收。这怎么办呢？微生物学家说用微生物最好，微生物把无机磷转化成有机磷，就可以让植物吸收。但微生物引进来后，它也有环境问题。就像搬家，搬到新家适不适应，邻居欢不欢迎，如果你把邻居都吃掉啦，邻居根本不欢迎你。道理一样，如果把微生物

现代化学前沿

引到这里来,它确实把磷转化成能让植物吸收的形式,但是它把原本在这里的微生物也打死了。土壤里的微生物有千千万万,我们地球上最多的居民都在土壤里,如细菌、微生物,相对而言我们人类是很少很少的。它们所产生的生化问题,科学家都必须理解了,才能利用它们。

化学确实跟我们的国计民生息息相关,能够影响的领域无所不在,所以化学家还要跟别的科学家携手合作,为我国化学科技成果的转化,为我们的国计民生和环境保护都作出更大的贡献。

▲ 酸雨对森林的破坏

▲ 酸雨对石雕的影响

有机化学与社会

戴立信

一、什么是化学和有机化学
二、有机化学和人类健康
三、有机化学和材料
四、问　答

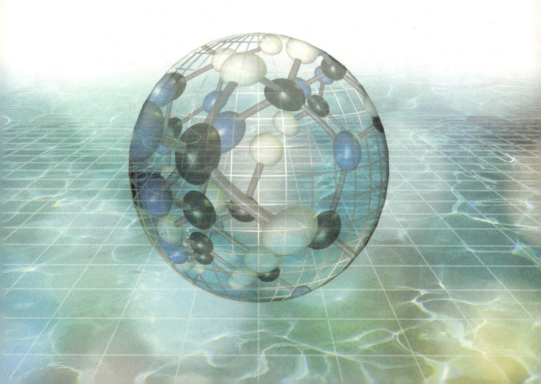

【作者简介】 戴立信,有机化学家。1924年11月生于北京,江苏句容人。1947年毕业于浙江大学化学系。中国科学院上海有机化学研究所研究员。1993年当选为中国科学院院士。

　　早年从事金霉素的提炼和合成研究。20世纪60年代转向研究有机硼化学,并承担了一些国防科研项目的研究。20世纪80年代以后研究有机合成、金属有机化学。主要研究成果有:环氧醇开环反应的研究及用于氯霉素和三脱氧氨基己糖全部家族成员的不对称合成;铑催化的芳基乙烯的不对称硼氢化反应;具有C2对称性的氮供体,手性双齿配体的合成;钯催化的手性吗啉衍生物的合成;钯催化下杂原子导向的温和羟氯化反应以及利用高碘化合物的多项新合成方法学研究。目前主要从事立体选择性地合成官能团化的小环化合物和含平面手性配体的合成及应用研究。

有机化学与社会

　　化学为人类创造更美好的生活了吗？但是我们看到的却是今天肯德基里的苏丹红，明天又是麦当劳的炸薯条里的丙烯酰胺；今天是液氯的槽罐车打翻了，明天又是哪个地方一氧化碳中毒，这到底是怎么回事呢？一方面可能是我们处置不当的问题，另一方面，我们现在都生活在一个实实在在的物质世界当中，而不是生活在一个虚拟世界，而我们化学就是研究物质的。对于很多物质，我们弄清楚了这种物质是什么；并且给了它们一些化学的名词。就拿炸薯条来说，我们弄清楚了丙烯酰胺是有害的。另外，炸薯条里面还有很多的碳水化合物，很多的蛋白质、很多的营养品等等，它们也有化学名称。而我们弄清楚丙烯酰胺也是通过化学家的分析，把它查清楚了，才能找到其中的问题。有人说科学是把双刃剑，化学当然也是如此，因此我感觉到我们化学工作者的责任就是怎样尽量好地、更多地为人类创造更美好的生活，而尽量减少不良物质对人类的危害。

一、什么是化学和有机化学

　　在这里借用一个著名化学家的话，他是美国哈佛大学的一位教授Robert Woodward，1965年诺贝尔化学奖的得主。虽然1981年的诺贝尔化学奖，奖励的也是他的主要工作，但是他当时已经去世了，所以就没有他的份了。

不过就他的工作来说,应该说两次诺贝尔化学奖都有他的功劳。这位化学家在12岁的时候就进行了奎宁的合成。他讲了这么一句话:"化学就是关于创造以前不存在的新物质的科学。这些新物质涵盖了从塑料到各种药物,对人们的日常生活有着极大的影响。"另外有人说化学是一门中心的、实用的、创造性的科学。我个人感觉,在各个学科中,化学的创造性最强。也是这位哈佛大学的教授讲到:"上帝创造世界,化学家在上帝创造的世界旁边又创造了一个新的世界。"人们说,上帝创造了人和世界,但上帝创造的人和世界里面有好的也有坏的。那么,在创造的物质世界当中,有对人类有利的,也有要考验我们人类生存本领的,如灾害等等。当然化学家创造的一个新的世界当中,同样既有好的也有坏的。除创造新世界之外,化学还了解物质是什么、它是怎样发生的等问题。

那么,有机化学是什么呢?最初的有机化学是研究生命体的化学,所以叫有机化学,因为生命体就叫"organism",所以有机化学就变成"organic chemistry"。后来发现这个定义太窄小了,现在就定义它为"关于碳元素及其化合物的科学"。我们知道,在生命体当中,很多都是有机体。那么,我们就不能不讲到有机化学和人类健康的关系,下面我们就来谈谈这个问题。

二、有机化学和人类健康

在20世纪初期,欧洲的人类文明比较发达,但那个时候,人类的预期寿命只有45岁。如果现在还这样就可怕了,我们现在的大学生大概已经都过掉生命的一半时间了。可是到目前为止,预期寿命已经发展到了70多岁,有的富裕国家已经超过了80岁。还有,那时候儿童在5年之内就有15%的人会死亡。为什么会这样呢?当时最重要的病是肺炎、肺结核和细菌性腹泻。我们现在认为治疗腹泻很简单,到医务室拿点黄连素一吃就好。但在当时,医生手里没什么药物,只有阿司匹林和一些动植物的提取物等等。那么在那个时候,碰到了肺炎、脑膜炎、败血症等怎么办呢?不像现在,我们能进行筛选的化合物有几百万、几千万种,那个时候的化合物却非常少。20世纪30年代的化学工业中,只有煤焦油工业比较发达。也就是在那个时候,产生了一些染料工业,因此当时化学家手头只有一些染料分子。有些人就拿了这些染料分子,来看看对细菌能不能有点作用。在这个时候他们首先拿一种橘红色染料做实验。当时有一个人叫杰哈尔德·多马克(Gerhard Domagk),1939年诺贝尔奖获得者,他发现这种染料可以杀死很多细菌,而且这种染料对兔子和老鼠是安全的。在那个时候,刚好有个医生碰到一个小孩,得了一种由葡萄球菌引起的败血症,医生束手无策,小孩很快就要死去。医生很大胆地用这种染料给小孩治病,居然把这个小孩救活了。过了两年,在英国又发生了一次比较大规模的败血症,人们同样用了这种染料,又把病治好了。这么一来,大家对这种橘红色染料产生了很多信心。

1940年,人们发现真正起作用的并不是这种染料,而是这种染料中的一个水解产物,就是有一个对胺基的磺酰氨。于是大家就合成了几千种在氨基上有各种取代基、在苯环上有各式各样的取代基的化合物。其中有十几个具有非常好的杀菌作用,成为一大类磺胺药。后来,又发现了它们为什么能杀菌。原来在细菌的身体里面,它要用一个对胺基苯甲酸来进行DNA的合成,细菌会错把对胺基磺酰氨看成对胺基苯甲酸,于是就影响了它的DNA的合成,这样,细菌被杀死了。在那个时候,磺胺药是非常重要的。直到现在,还一直沿用。这个药在第二次世界大战时期,特别是在1943年的关键时期,发挥了很大作用。当时德国飞机轰炸伦敦,英国首相丘吉尔得了肺炎,就是用了这类磺胺药,治好了。磺胺药更大大地出名了。后来,罗斯福的儿子也得了肺炎,也用这个药治好了。磺胺药不断得到人们更大的信任,取得了很大的发展。

磺胺药的发现还多少有点偶然性,而阿司匹林就不同了。人类在很古老的时候,就从杨树皮里提取到了水杨酸,发现它有止痛、消炎的作用,对关节炎也有些好处,但是它一吃下去刺激性就很强。现在我们知道它的刺激性强是因为它有一个酚基。科学家就借助乙酰基把酚基保护起来了,这样就变成了阿司匹林。1897年人们开始生产阿司匹林,一直到现在还在用,全世界已经生产了1000亿片,世界上很多人都在用。现在又发现,阿司匹林对防止心血管病非常有效,对艾滋病、对老年痴呆症也有一定的作用。

自从磺胺药出现后,又发现了抗菌素,如青霉素。在"第二次世界大战"中,青霉素是英国的两个重大发明之一,另一个则是雷达。青霉素在"第二次世界大战"发挥着很大的作用。当时打仗时伤兵很多,伤兵若患上一些败血症,特别是一种超级败血症,磺胺药治不好。那时,受点伤不要紧,但是一产生败血症,往往就导致人死亡。死亡率很高,青霉素的出现就很好地解决了这个问题。青霉素是被偶然发现的。1928年,弗莱明(Fleming)发现青霉菌旁边的细菌受到了抑制。但他是个细菌学学者,没学过化学,所以当时没办法分离出青霉素,他只知道青霉菌能产生一些好的东西。直到20世纪30年代末期,弗洛里(Florey)和钱恩(Chain)才把青霉素从青霉菌中提取出来。但是当时提取的量非常少。因此在一个病人注射过青霉素以后,还要从他的小便里把没有代谢分解掉的青霉素提取出来再利用。当青霉素被分离出来后,又是化学家去弄清楚它到底是个什么东西,有没有办法来更好地扩大它的产量。因为研究青霉素而获得诺贝尔奖的有好几个科学家:霍奇金(Hodgkin)做了它的 X 射线晶体衍射,罗宾逊(Robinson)做了它的结构工作。伍德沃德(Woodward)在对青霉素的结构研究上也有贡献,虽然他获得诺贝尔奖是因为他另外的工作。

后来大家又看到,青霉素的结构很特殊,和普通有机化合物不同。图1中有一个β-内酰氨的环,和它并环的,还有一个含硫含氮的杂环结构。后来发现,正是这个β-内酰氨环起了非常重要的作用。在发酵液里面可以单独得到这个氨基的母核。和氨基相连的酰基(—RCO)可以有很多的变化,就能得到不同种类的抗菌素。所以说,我们化学家在里面起到了很重要的作用。弄清了它是个什么东西,然后我们再去改造它,让它更好地为人类服务(图2)。

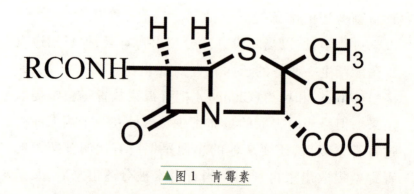

▲图1　青霉素

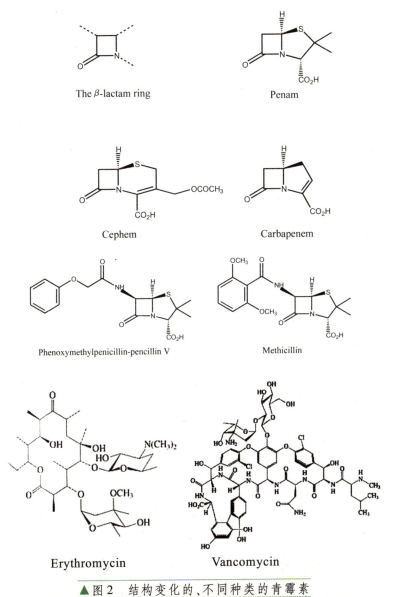

▲ 图2 结构变化的、不同种类的青霉素

青霉素非常高效，毒性又小，应用起来很安全，当然也需要进行特别安全的试验。但是细菌也不是在那里束手待毙，它有它的办法。慢慢地细菌就产生了一个酶，叫青霉素水解酶，能把β-内酰氨水解了，这么一来，青霉素的效力就没有了。我们刚才说了，青霉素也可以有各种变化。比如它变化后可以口服，用不着靠注射进入人体。后来又找到了另一种抗菌素——红霉素，它的结构比青霉素更复杂一点，它杀死细菌的机理与青霉素不同。它把细菌壁的合成步骤切断了，这样，细菌就难以存活下去了。但是过了不久，细菌对红霉素又产生了抗性。于是，一些科学家又找到了一种万古霉素（vancomycin），它可以消灭很多对青霉素和红霉素有抗性的细菌。人们认为它是抵抗细菌的最后一道防线，所以叫它万古霉素。

但是这条防线仍然不是最后防线，细菌还是找到了对付它的办法。于是有人提出：抗菌素这样用下去，是不是也会和DDT一样，产生一个细菌的春天。的确，现在存在一个抗菌素的滥用问题。世界卫生组织（WHO）曾作了一个统计，发现在全世界很多医院的处方里面，有30%都用到了抗生素。中国医院里用的抗生素则高达80%。他们认为，在美国医生开的这些含抗生素的处方当中，至少有一半不需要用抗生素，可是却用了抗生素。由于抗菌素的滥用，细菌产生抗药性的速度也越来越快。

除了细菌之外,我们还碰到很多问题,比如病毒的问题,SARS的问题,人类癌症的问题,这些问题都有待我们不断地努力去解决。

在此我要讲到紫杉醇。从图3中我们可以看到它的结构相当复杂。但是化学家也实现了它的全合成。虽然全合成成功了,但因为它太复杂,所以还不能用于生产。我们在前面讲到,磺胺药是在偶然的机会,拿染料试出来的结果。那么紫杉醇呢?美国癌症研究所对3.5万种植物做了一个普筛,在这当中找到了10万种化合物,其中最有价值的,就是紫杉醇,它对治疗妇女的乳腺癌特别有效。我们上文谈到的阿司匹林是从杨树的树皮中提取到的,而紫杉醇则是从紫杉的树皮当中提取到的。我们知道,把一棵树的树皮剥掉后,这棵树就很难

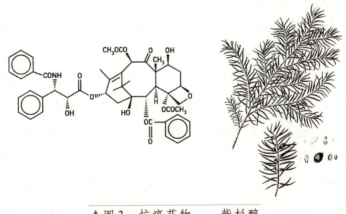

▲图3 抗癌药物——紫杉醇

存活了。要治疗一个乳腺癌患者,要有6棵生长二三十年的紫杉。因此,当时紫杉醇的来源又成了一个问题。后来,法国科学院的天然产物研究所的一位科学家,发现在紫杉的树叶里可以得到紫杉醇的母核部分。接着美国科学家又发现了将边链连接到母核上构成紫杉醇的方法。这样的话,就不需要去剥树皮了,在叶子里得到母核,再加上边链就可以获得紫杉醇了。

在分离出紫杉醇后,我们可以看到,在边链部位有一个苯甲酰基,如果把苯甲酰基换成了一个叔丁氧羰基,得到的化合物就比原来的紫杉醇的活性又提高了50%,这样的话,它就能比较好地得到应用了。最近我们见到了发明它的这位法国科学家,他说,他们每年从这个销售里面可以得到6000万欧元的收入,这对他们研究所而言是一个很了不起的贡献。现在国内也能够做些这方面的研究了。

紫杉醇是研究者有意识地、经过大量的筛选而得到的。而在抗疟疾药物里面又有另外一条路子。从中国的传统医学当中,我们可以得到很好的启发。现在很多年轻人不知道疟疾是一种蚊虫传染的疾病,但在我这一代,疟疾还是一种很严重的病。在抗战的时候,我从上海到贵州的一个小县城去念书,因为那时候浙江大学搬到了贵州。当时学校没有现在这么漂亮的大楼,我们的宿舍安排在一些破庙里面。我到那个学校的第一个晚上就得了疟疾，躺在床上非常难受。后来亏得校医室里面还有几片奎宁，我吃了奎宁才好的。如果没有奎宁，这种病常会致命。现在全世界每年还有几百万人死于疟疾，但在我国就很少听到疟疾了。

奎宁是从金鸡纳树皮里面提取到的。当时欧洲人们还不知道这个土方，是从南美洲传到了欧洲去的。因此在南美洲，金鸡纳树皮可以卖很高的价钱，销到欧洲去。但是这么一来，金鸡纳树也被砍得差不多了。后来发现，可以用合成的办法得到一些另外的类似物。到了20世纪70年代，美国人打越南，那时候在越南发现很多疟疾的原虫是可以抗奎宁的，即使患者服用了奎宁也无济于事。当时胡志明就向我们周总理求援，说这个病使得越南减员很厉害，能不能找到能够治疗抗奎宁的疟疾的药？我们从《本草纲目》里找到了一种叫青蒿素的。那个时候是有机化学研究所和北京中医研究院一起合作。当然，也不单是这两个单位，全国有很多人都参加了这个研究项目。提取出青蒿素后，对它的结构进行研究。结构研究也费了大家很大的力气，因为这是一个很特殊的结构。

我们看，图4A、B中都有个过氧桥，我们知道过氧桥平常是很不稳定的。那么，为什么在这样一个天然产物里头能分出一个过氧桥来呢？是不是弄错了？在北京做X射线晶体衍射，把它的结构确定了出来。后来，又

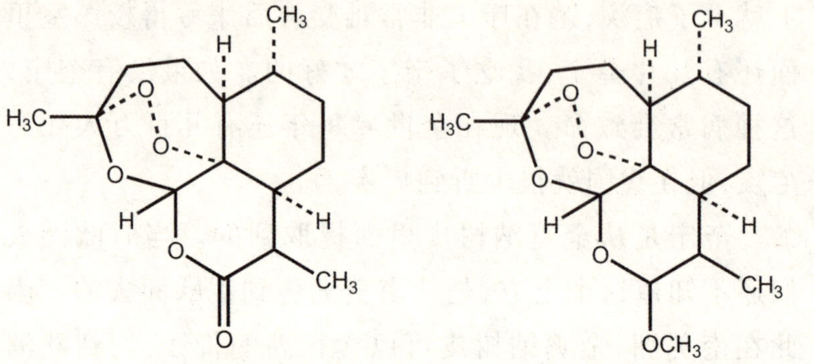

A 青蒿素　　　　　　B 蒿甲醚

▲图4

做了它很多的反应,比如它的还原反应,发现这个羰基可以变成羟基。变成羟基以后,上海的药物所又把它变成了一类蒿甲醚。这样,对它的溶解性等有了一些感性认识,这使它能够成为一种很好的药物。我们有机化学研究所的几位年轻人又对它的作用机理做了研究。为什么它能杀死疟原虫呢?因为这个疟疾的原虫需要走到人的血液里,而在血红蛋白中铁的作用下,青蒿素会分解,产生一个重碳的自由基,这个重碳的自由基杀死了疟原虫。这样,这种药现在就成为了WHO推荐在非洲应用的一种药物,因为现在非洲每年还会因为疟疾死亡几百万人。很多疟疾也是抗奎宁的一些病,我们的药物对有抗体的疟疾有很好的治疗效果。但如此一来,我们又要到云南的青蒿里面去提取这种东西了。现在中

有机化学与社会

国的青蒿产量又不够了,大家又在想用组织培养等办法来提高它的产量。

上面我们谈了一些合成的东西,从磺胺的合成到青霉素、紫杉醇的合成,再到青蒿素的合成。那么,人类的合成本领到底有多大?

图5是一个海葵毒素,它是世界上最毒的一种东西。它有129个碳,相对分子质量是2680;有64个手性中心,每个手性中心理论上说可以产生2个异构体;有7个双键,每个双键又有2个不同的异构体。理论上说它应该有2^{71}个不同的异构体。有这么多异构体,人们可以专一地合成、构造这样一类化合物。因此,现在大家都说,你只要给我画出一个结构,有机化学家就总有办法

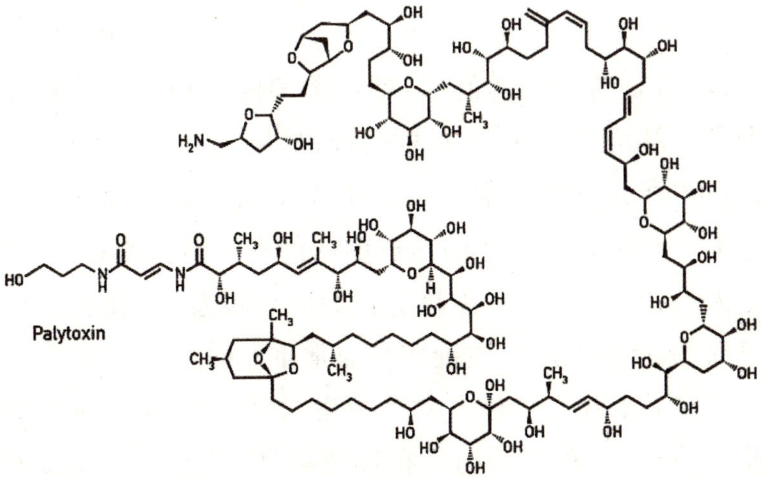

▲图5 海葵毒素

把它合成出来。

那么合成的这些东西里面肯定有好的也有坏的。我们再以DDT的问题为例。蕾切尔·卡逊写了本叫《寂静的春天》的书。为什么叫"寂静"呢？在20世纪四五十年代的时候，DDT是杀灭蚊虫苍蝇首选的杀虫剂。由于它消灭了很多蚊子，使得疟疾的发病率减少了很多，挽救了几百万人的生命。那么，是不是DDT本身太毒了？其实也不是。DDT本身的毒性并不大，它的半致死量是每千克500毫克。也就是说，如果一个人吃了几十克的DDT，他才会出问题。经过研究，人们认为它对温血动物的毒性非常小，但是它杀虫的效果非常好。鸟吃了体内含有DDT的鱼以后，鸟生的蛋，其蛋壳就变得很薄了，蛋就很容易碎了。于是一位生物学家就发现了这样一个生物链：DDT存在于土地里，从土地流到水中，再到鱼，然后到鸟。这样的话，就使美国的一种老鹰数量减少了。蕾切尔·卡逊的意思是说，如果人类缺少了鸟类，我们的春天就太寂静了。无声无息的春天就没什么意思了。虽然对于DDT的功过不同的人有不同的看法，但是无论如何，这本书唤起了我们的环境意识，使我们认识到，保持美好的环境确实是非常重要的。

接下来我想再讲点手性药物。"反应停"是一种镇静药，特别是针对孕妇的。在怀孕初期，孕妇会有很多不舒服的感觉，吃了"反应停"之后就会感觉很好。但是没想到,在20世纪60年代的欧洲,吃了"反应停"的很多孕妇后来生出了畸形的婴儿,婴儿有海豚一样的四肢。由此酿成了一个人间惨剧,人们称之为"反应停悲剧",这是因为这个药物有致畸作用。从这以后,所有药物在投入生产前都要经过很严格的致畸检验,看它的致畸性怎么样,致癌变的情况怎么样。"反应停"为什么会有这种副作用呢?后来发现,这个药有一个手性中心,有一个S异构体和一个R异构体。这两个异构体,一个有很好的镇静作用,另一个则会产生致畸作用。在这个手性中心旁边又有一个羰基,它非常容易烯醇化,所以又产生了一个很大的麻烦。但是不管怎么样,从这件事情出现以后,美国的FDA就要求:凡是手性药物,要分别地对两个异构体做出结论来,要把它弄得清清楚楚,然后才能上市。手性是自然界的基本属性,很多种类的东西都是有手性的。

  谈到手性,就要谈到两个人,一个人叫范·霍夫(van't Hoff),荷兰人;另一个人叫勒·贝尔(Le Bel),法国人。他们两个人在1874年同时提出了碳是四面体结构。也就是说,碳是一个立体的四面体结构,当碳的四个顶角连上不同的基团的时候,它是不能重叠的,这样就产生了一个镜像体的问题。这个理论非常简单,提出这个理论时,范·霍夫只有22岁,勒·贝尔只有28岁,两个人几乎在同一个时候——前者在9月份,后者在10月份提出了这个结论,对有机化学产生了非常重要的影响,把有机化学的结构从平面带入到了立体。假如没有他们的贡献,那么我们今天的一些立体化学就没有了,我们一些诸如构像的问题也没有了,蛋白质的一级结构、二级结构也没有了,核酸的双螺旋结构也不会出现。这些立体化学的基本知识,就是这两位年轻人在那个时候提出来的。那么他们为什么几乎同时提出来呢?他们并不是凭空提出来的,而是在当时已经建立的很多科学事实的基础上不断地想这些问题,然后产生了

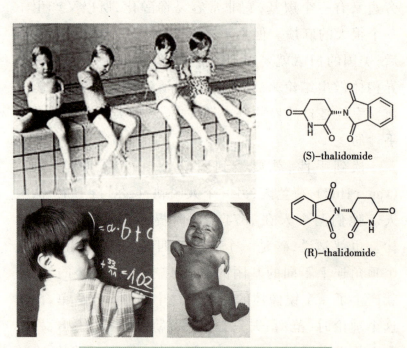

▲ 图6　手性药物"反应停"酿成的人间惨剧

这么一个想法。因为勒·贝尔是在法国,那时候巴斯德已经从酒石酸的晶体里面用手工挑出了不同的晶体。而不同的晶体有不同的光学活性,就是能产生不同的旋转等等。那时候还说不出什么道理,但是已经把这个现象提出来了。范·霍夫在荷兰则受到了结构理论的很大影响,很多人当时已经得到了乳酸,也知道有两种不同的乳酸,但画不出不同的结构来。在这些问题的基础上,这两位年轻人有很多问题放在脑子里,然后就去想,去提出这个想法,解决这个问题。范·霍夫后来获得了诺贝尔奖。因此我感觉,我们脑袋里应该多放些问题,多去想些问题,这样我们也会成为范·霍夫,也会成为勒·贝尔。

三、有机化学与材料

从图7我们看到,这些年聚烯烃工业发展得很快。以聚烯烃为例,2003年的产量约840万吨,但市场的需求量要接近1600万吨,我们仍然需要进口很多的聚烯烃。尽管这两年我们的聚烯烃工业发展得非常快,但缺口还非常大。更重要的是,我们所缺少的一些高档的、价值高的、专用的材料,差不多都需要靠进口来满足我们的需求,无论是聚乙烯也好,聚烯烃也好,我们的差距还很大。

- 聚烯烃：2002年世界产量：8800万吨
  2003年中国产量：839.8万吨，市场消费1579.8万吨
- 聚乙烯：2002年世界产量：5000万吨
  2002年中国产量：354万吨，市场消费809.5万吨
- 中国聚乙烯消费量：3.4千克/(人·年)
- 世界聚乙烯人均消费量：6.2千克/(人·年)

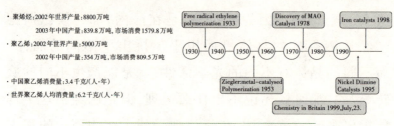

▲ 图7　聚烯烃、聚乙烯工业的发展情况

  这是为什么呢？是因为我们没有掌握聚烯烃工业里面的核心技术问题。在聚乙烯里面，一个非常重要的核心问题，应该就是聚合的催化剂的问题。我们也做了一些聚合的催化剂，但是更多的是要靠进口来满足的。如果再看看我们的人均消费量和世界平均消费量，就会发现中国的需要量还很多。从乙烯聚合来说，20世纪四五十年代以前都是自由基的聚合，那时候要用非常高的压力，产品的性能也不够好。

  齐格勒(Ziegler)和纳塔(Natta)两人在1953年和1954年分别发现了新的催化剂，总称齐格勒型催化剂，它能够在温和的条件下得到性能更好的一些聚合物（图8）。这是一个很重要的发展，这项工作使他们当之无愧地获得了1960年的诺贝尔奖。

  20世纪六七十年代是世界石油化工业大发展的时期，到了20世纪70年代末，又发现了一种茂金属催化剂。有了这个茂金属催化剂，就从齐格勒型催化剂进入到一个单位点的催化剂，这就使得催化剂变成可控的

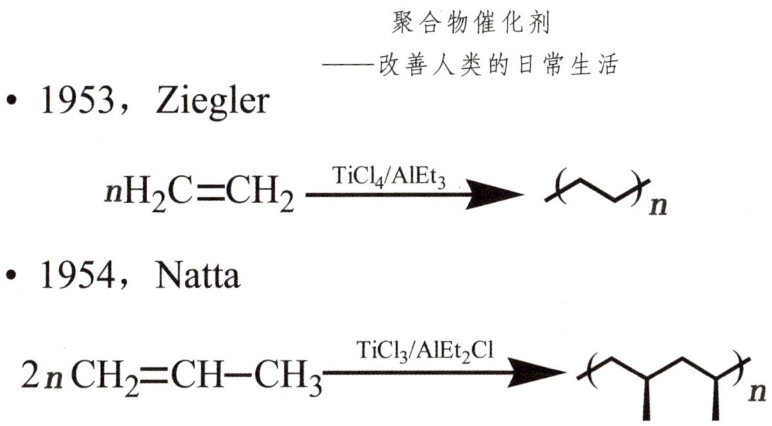

聚合物催化剂
——改善人类的日常生活

- 1953，Ziegler

$$n\text{H}_2\text{C}=\text{CH}_2 \xrightarrow{\text{TiCl}_4/\text{AlEt}_3} \text{\Large(}\!\!\wedge\!\!\wedge\!\!\text{\Large)}_n$$

- 1954，Natta

$$2n\,\text{CH}_2=\text{CH}-\text{CH}_3 \xrightarrow{\text{TiCl}_3/\text{AlEt}_2\text{Cl}} \text{\Large(}\!\!\wedge\!\!\wedge\!\!\wedge\!\!\text{\Large)}_n$$

▲图8　齐格勒和纳塔发现的新催化剂

了。到了20世纪90年代末，又出现了一类新的催化剂。每一代催化剂的变更，都会带来一些聚合物品种的新变化。

　　同紫杉醇带给人类、带给研究单位的巨大好处一样，齐格勒型催化剂发现以后，也给德国的马普煤炭研究所创造了一个非常好的效益。再以后，到了茂金属的催化剂，就进入到了具有单一的催化活性中心的催化剂，它的结构就可以来控制产品的性能，高分子的相对分子质量的分布也非常窄，性能有了很大的提高。它虽然在20世纪70年代末期出现，但直到21世纪初才刚刚实现工业化，现在，估计在催化剂的应用中占据百分之十几。我们中国也实现了它的一些中间试验，但是这个催化剂的专利控制得非常严格，专利的覆盖面非常广。

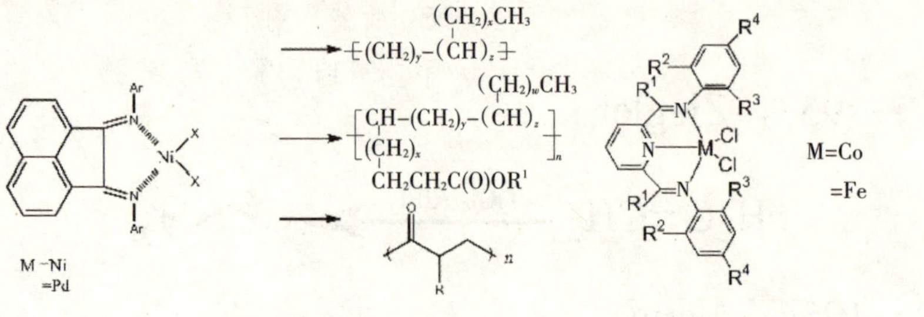

A 镍的催化剂　　　　B 铁和钴的催化剂

▲ 图9

图9A是镍的催化剂,图9B是铁和钴的催化剂。20世纪末期,美国的科学家、杜邦公司和BP公司发现了这一类催化剂。但是到现在为止,这类催化剂还未能进入工业生产。

这个时候,在国内知识创新工程的支持下,北京化学研究所和上海有机化学研究所都在这方面做了些工作,力图来开发一些我们有独立知识产权的新的催化剂。我们现在还要进口很多聚烯烃,还不能掌握它的核心技术,因此在这个时候,我们讲爱国主义的话,和20世纪70年代以前的爱国主义就不同了。那时候讲抵制日货,而现在我们和日本的贸易分别占了各自贸易额的15%,是你中有我,我中有你。因此我认为现在最大的爱国主义就是抓紧有利时机,做好我们自己的本职工作。我们科学工作者和技术工作者有责任来创造更多地有我们自主知识产权的核心技术。有了这些技术的话,我们国家的工业才能立于不败之地,才不会总被别人卡住脖子。我认为,现在爱国主义就要体现在:要研究出我们自己的东西来,让我们自己的工业能够独立自主地发展,不是跟在别人后头,伸手问别人要东西。我们在这方面并不是不能有所作为的,比如化学研究所就把几种催化剂结合在一起,让它既能发挥茂金属的作用,又能发挥齐格勒型催化剂的作用,取得了一些很好的效果。上海有机化学研究所也有一位年轻同志,他找到了一些全新类型的、结构和现有催化剂不同的催化剂,目前正在进行试验,希望这一类的"茂后"催化剂能让我们中国比较好地实现工业化,生产出新一代的催化剂。

刚才我们讲了化学方面的一些好的东西,也有一些我们还不太满意的东西。化学在改善人类生活方面做了很多好的事情,但是在处理污染等各个方面,我们还要把它做得更好。举个例子,环己烯氧化后变成己二酸,后者可以用来做尼龙的原料。野依良治(Noyori)是一位获得诺贝尔奖的日本科学家,他说,过去工业上用硝酸的办法来实现这一流程,全世界就会产生40万吨的氧化氮,而他发展的新方法,没有氧化氮副产物,唯一的副产物是水。中国也有一些好的工作,据我所知,过去有这样做的:就是把环己烷先氧化成环己酮,或者环己醇,然后再经过重排反应变成己内酰胺等。最近湖南大学和大连化物所都发展了一些新的氧化体系,可以在一个环境很友好的条件下就变成另一类的尼龙产品。因此,我们化学家在这方面能做的事情是非常多的。我相信在21世纪,化学工业可以变成既能造福人类,又对环境友好的化学工业,使得为人类造福的工作可以做得更好。这就是绿色化学,要通过我们化学工作者来实现。

四、问答

问1:无论用什么药物,用一种药物把一种病治好了,就又会产生新的病类,又会产生抗体。比如以前有天花,后来又出现了艾滋病,到现在20多年了,还没有药物能治愈。我就想问一下:药物的进展最终是不是能够战胜疾病?

答1:应该说,人类在和疾病的斗争当中是不断往前走的,并取得了一些很好的成就,使得我们的平均预期寿命从45岁延长到了七八十岁。但是,正如你所说,很多新的病还在不断出现,像过去就没有听到过SARS和疯牛病等等,包括我们听到的很多癌症,我们还都没有很好的办法治疗。但是我相信,科学在战胜疾病的这条路上还是会不断地取得好的结果的。最近大家更多地关注人类基因组学以后,都感觉一部天书是被打开了,而怎样把这部天书读懂?把它了解得更透彻?无论是

有机化学与社会

人本身的天书,还是各种病的天书,我们都要较快地把它弄清楚,这样就能够一步一步更加好地往前走。读懂这些天书也需要靠我们化学家,核酸的测序里面用的很多方法都是化学的方法,比如电泳和各种检测剂等,都离不开化学,蛋白质的测试也是这样的。化学家在这里有很多路要走。

问2: 现在解决疾病的药物是不是都是通过偶然的方式发现的?能不能通过一种更科学的方式,比如对一种病魔用一种更系统性的方法来研究它?在药物这一块,国外更先进些,专利保护也很多,那咱们国家的药物怎么能赶上去,或者发展一些自己的专利和核心技术?

答2: 偶然和必然之间有一定的关系。就是说如果你花了很大的力气,你有所准备的话,当一些现象出现的时候,你就能够比较容易地抓住它。当然,从现在来说,医药的发展进入到了更加自主的渠道,在过去确实更多地依靠偶然。现在大家试图了解一些产生疾病的靶点,比如癌症的发生到底是身体的哪个地方出了毛病,然后我们怎么样去针对这个靶点去研究。现在出现了一个学科,叫化学生物学,就是用化学的方法,用一些小分子怎样来找到更多的靶点。如果我们知道这个病产生的原因真正在哪个地方,我们就能够针对它去做研究。现在正在逐步进入到理性的设计、理性的合成。从过去的偶然发现,能进入到更加好的"rational design"。

但在这个"rational design"里面,有时候也会有一些偶然的因素起作用。我们目前正在更多地走向理性,走向"rational"。

从石化催化技术开发案例探寻自主创新之路

闵恩泽

一、原始创新和集成创新的案例——2005年国家技术发明一等奖"非晶态合金催化剂和磁稳定床反应工艺的创新与集成"

二、消化、吸收、再创新的案例——己内酰胺绿色成套技术的开发

三、西游记主题曲的启示

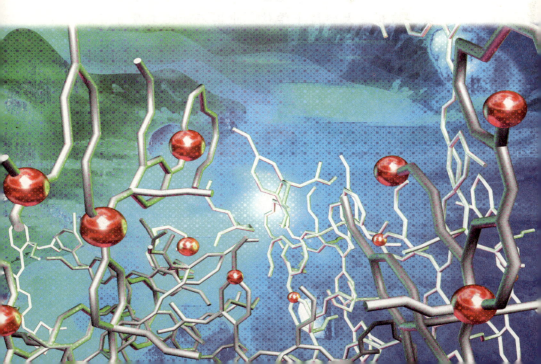

【作者简介】闵恩泽,石油化工催化剂专家。四川成都人。1946年中央大学化工系毕业。1951年获美国俄亥俄州立大学博士学位。中国石油化工股份有限公司石油化工科学研究院学术委员会委员、高级工程师。1980年当选为中国科学院学部委员(今称院士)。1993年当选为第三世界科学院院士。1994年当选为中国工程院院士。

20世纪60年代开发成功磷酸硅藻土叠合催化剂、铂重整催化剂、小球硅铝裂化催化剂、微球硅铝裂化催化剂,均建成工厂投入生产。20世纪70、80年代领导了钼镍磷加氢催化剂、一氧化碳助燃剂、半合成沸石裂化催化剂等的研制、开发、生产和应用。1980年以后,指导开展新催化材料和新化学反应工程的导向性基础研究,包括非晶态合金、负载杂多酸、纳米分子筛以及磁稳定流化床、悬浮催化蒸馏等,已开发成功己内酰胺磁稳定流化床加氢、悬浮催化蒸馏烷基化等新工艺。90年代,曾任国家自然科学基金委员会"九五"重大基础研究项目"环境友好石油化工催化化学和反应工程"的主持人,进入绿色化学领域,指导化纤单体己内酰胺成套绿色制造技术的开发,已经工业化,取得重大经济和社会效益。近年指导开发从农林生物质可再生资源生产生物柴油及化工产品的生物炼油化工厂,再推向工业化。

从石化催化技术开发案例探寻自主创新之路

在2006年1月9日全国科学技术大会上,胡锦涛总书记提出"坚持走中国特色自主创新的道路,为建设创新型国家而努力奋斗",还指出"建设创新型国家是时代赋予我们的光荣使命,是我们这一代必须承担的历史责任。"自主创新包括原始创新,集成创新和消化、吸收、再创新。下面试图从近年开发成功并工业化的两个石化催化技术案例入手,探寻自主创新之路。

一、原始创新和集成创新的案例——2005年国家技术发明一等奖"非晶态合金催化剂和磁稳定床反应工艺的创新与集成"

金属骨架镍合金催化剂是美国科学家雷尼(Murray Raney)在1925年发明的,并被命名为雷尼镍(Raney Nickel),广泛用于有机合成的加氢反应中,包括医药、农药、化纤、石油化工等行业,世界年消耗量巨大,我国年消耗量达10kt。经过几十年的不断改进,这种催化剂的活性和制备方法已趋成熟。雷尼镍是粉状催化剂,多年来一直在釜式搅拌反应器中使用。对于这种已经成熟的催化剂和反应器如何创新?

1. 技术进步S形曲线的启示

国外科技工作者总结了1930—1980年间化学工业

新材料科学技术集

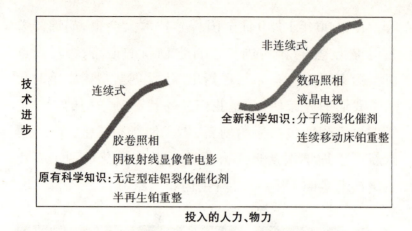

▲ 图1　化工技术进步的S形曲线

中的重大新技术的进步规律,发现技术进步一般都要经历一个S形曲线的发展周期,如图1所示。

在开发一个新产品或新工艺的初期,投入人力、物力后,技术进展比较缓慢,直到发现了一个有意义的开端,技术进步才开始加快;之后,技术不断改进,取得连续式的技术进步,达到较高的技术水平;最后技术进步又会变得困难,进展速度减慢,接近或达到其发展极限。当技术接近或达到其发展极限时,技术进步就需要转移到一个全新的和完全不同的科学知识基础上去取得,这就形成了对现有技术的非连续式技术进步。在日常生活中不乏非连续式技术进步的例子,如从胶卷照相到数码照相,从阴极射线显像管电视到液晶电视等。炼油工业中也有非连续式技术进步的例子。20世纪60年

从石化催化技术开发案例探寻自主创新之路

代,裂化催化剂从无定型硅铝发展到分子筛,开辟了催化科学从表面催化到晶内催化的新纪元。分子筛裂化催化剂代替无定型硅铝应用于移动床催化裂化装置后,催化裂化的转化率由49.5%提高到73.4%,汽油产率从32.9%增加到48.7%。这一成就被誉为"20世纪60年代炼油工业的技术革命"。铂重整为了提高芳烃产率,把半再生铂重整反应压力降低,以达到烷烃的芳构化;压力降低后,催化剂迅速结焦,于是开发了连续移动床铂重整。这是通过转移反应工程的科学知识基础来实现的。

受技术进步S形曲线的启示,要研发新一代的雷尼镍催化剂,就必须转移它的科学知识基础。雷尼镍合金是晶态的,这种规整的晶态合金,其活性中心一般存在于晶体的边角,而非晶态合金的活性中心不仅仅限于边角,还存在于合金的表面。于是设想把雷尼镍合金的科学知识基础转移到非晶态合金。图2和图3是雷尼镍和非晶态镍合金的XRD和SEM图,展示了两者的结构差别。图4显示了在多种有机合成的加氢反应中,非晶态镍合金的活性都比晶态的雷尼镍高,由于非晶态镍合金已把雷尼镍的晶态科学知识基础转移到全新的非晶态科学知识基础上,所以非晶态镍合金形成了一个原始创新;其他创新还有在非晶态合金中加入稀土元素阻止镍原子的迁移,提高非晶态合金的热稳定性。关于非晶态

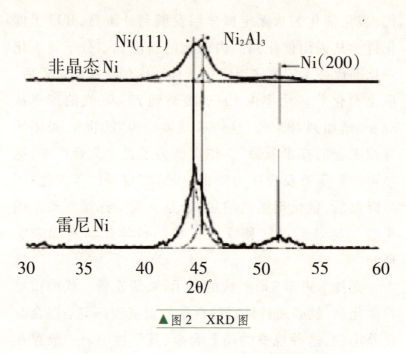

▲ 图2　XRD 图

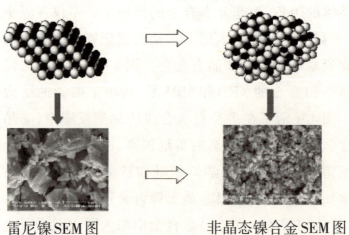

雷尼镍SEM图　　　　　　非晶态镍合金SEM图

▲ 图3　5000倍 SEM 图

从石化催化技术开发案例探寻自主创新之路

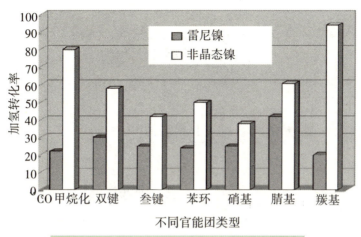

▲图4 非晶态镍合金与雷尼镍的加氢活性

镍合金的制造方法,它的原始创新首先是把冶金工业中急冷法与化工催化剂生产中化学抽铝法相结合,然后还在生产关键设备和工艺中有集成创新,包括:(1)适合于黏稠、易氧化体系的急冷关键设备,如坩埚、喷嘴、铜辊等;(2)预处理技术提高非晶度;(3)抽铝碱液合成分子筛,实现零排放清洁生产等。非晶态合金制备工艺流程如图5所示。

在上述成果的基础上,建成100吨/年非晶态合金工厂(如图6),并开发了一系列品种,适用于己内酰胺精制、药物中间体、山梨醇、苯甲酸等加氢反应。

同样,受技术进步S形曲线的启示,使用粉状雷尼镍的釜式反应器要转移到一个基于新科学知识基础的新

209

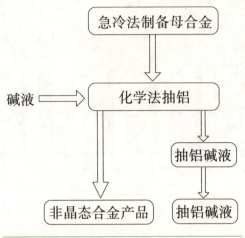

▲ 图5　非晶态合金制备工艺流程示意图

▲ 图6　100吨/年非晶态合金催化剂工厂

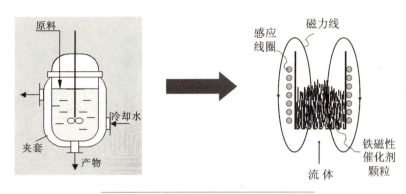

▲ 图7　磁稳定床代替搅拌釜反应器

反应器上才能实现原始创新。磁稳定床是以磁性颗粒为固体,在轴向不随时间变化的均匀空间磁场下形成稳定床层。它兼有固定床和流化床的优点:它可以使用小颗粒固体而不造成过高的压力降;固体颗粒流失少;外加磁场可以控制相间返混,改善相间传质;细小颗粒的流动性使得装卸固体催化剂非常方便。所以,磁稳定床与搅拌釜的化学反应工程的科学知识基础不同,利用非晶态合金的磁性,采用磁稳定床就形成了原始创新,如图7所示。

国外以氧化铁、空气为模型介质研究气、固磁稳定床,一直未采用工业催化剂和反应体系,所以没有工业化。非晶态镍合金优异的低温加氢活性和磁性正好满足磁稳定床用于己内酰胺水溶液加氢脱除微量杂质的

▲图8 国际首套磁稳定床己内酰胺加氢工业装置

要求,与磁稳定床反应器优异的传质、传热性能相结合,开发成功己内酰胺磁稳定床加氢精制新工艺,于2003年建成国际上第一套磁稳定床己内酰胺加氢精制装置(如图8)。与搅拌釜反应器相比,反应器体积由20米降低为3.2米;催化剂单耗由0.21千克/吨己内酰胺降低到0.06千克/吨己内酰胺;同时提高己内酰胺优级品率,取得巨大经济效益。非晶态镍合金与磁稳定床组合还实现了新催化材料和新反应工程集成创新。此外,溶解氢磁稳定床加氢工艺、控制形成排列有序的链式状态和磁稳定床反应器结构等中还有集成创新(如图9、10)。

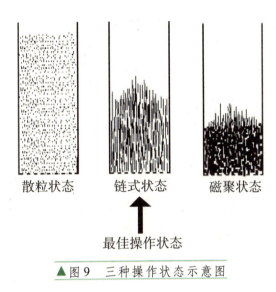

▲图9 三种操作状态示意图

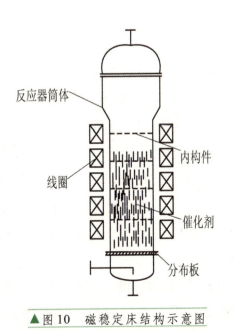

▲图10 磁稳定床结构示意图

上述原始性、集成创新的启示是:实现原始性创新的途径之一是把现有技术的科学知识基础转移到全新的科学知识基础上。这符合化工技术进步的S形曲线规律。在2005年国家技术发明一等奖中,是把原有的晶态雷尼镍合金和釜式反应器的科学知识基础转移到全新的非晶态和磁稳定床反应器的科学知识基础上去实现的。同时,为了实现这一科学知识基础转移的工业化,还形成一些集成创新。学科和专业知识的交叉形成集成创新,如采用冶金工业急冷法与化学工业抽铝法的组合制备非晶态合金催化剂;新催化材料与新反应工程的集成也往往带来集成创新,如非晶态镍合金催化剂与磁稳定床反应器集成的加氢工艺。

2. 与画家一席谈的启示

我曾与来自四川家乡的一位画家讨论创新。我问他:"您在绘画中是如何创新的?"他告诉我,首先要广泛写生,收集大量林木、山水信息,然后对其中自己欣赏的美景加以联想,就能创新地绘制出自己的佳作。他归纳为"创新来自联想"。受他的启发,我回顾了非晶态镍合金和磁稳定床反应器的创新过程,我对哪些科技信息进行了联想呢?

20世纪80年代初,我负责组建石油化工科学研究院基础研究部。为了学习国外开展基础研究的经验,特意邀请了美国美孚研究和工程公司的中心研究实验室主任来北京访问、讲学。这家公司,在分子筛领域,不论技术还是学术上都一直处于世界领先水平。这次访问中,他告诉我,工业催化剂基础研究的关键是开发新催化材料。这使我认识到要开发新催化剂,首先需要研究新催化材料。正如要做一件好的服装,首先要有好的布料一样。

如何去选择一类具有发展前景的新催化材料?我从1976年美国纽约州科学院"固态无机物的催化化学"专题讨论会的报告中得到启示:首先应分析催化材料的物质结构特点和对催化反应可能带来的影响;在催化材料物质结构稳定的前提下,允许材料元素、组成变化的范围要大,这涉及寻找优异催化材料范围的大小和成功的机会;还要考虑材料的耐热、耐水蒸气、抗氧化性能,这涉及这类新催化材料可以应用的催化反应种类的多少。于是我联想到非晶态镍合金是否符合这些新催化材料选择原则?非晶态合金表面缺欠多、形成的催化活性中心数目多,表面原子配位不饱和、催化活性高,所有的金属和类金属均可以形成非晶态合金,组成变化范围大,于是选择了非晶态合金作为一个新催化材料开展研究。

1984年开始,与复旦大学化学系和原东北工学院材料系合作,采用冶金工业的急冷法来研制共熔点低的

Ni-B、Ni-P非晶态合金。Ni-B、Ni-P非晶态合金的结构是亚稳态,其比表面积不足1米^2/克,比雷尼镍的140米^2/克低许多,活性也不够高。于是联想到采用雷尼镍的Ni-Al体系来制备非晶态镍合金,并且用化学抽铝的办法来提高比表面,这才走上创新之路。以后又设计了特殊坩埚、喷嘴、铜辊等来克服Ni-Al体系黏稠、易氧化等性质对采用急冷法制备非晶态合金的困难;优化制造工艺,提高成品率,终于开发成功具有工业化价值的非晶态合金催化剂。同时利用化学法抽铝生成的偏铝酸钠溶液来合成分子筛,实现零排放清洁生产。

对于磁稳定床反应器,我于1970年去伊朗参加第二届国际化学工程会议时,听到埃克森公司关于磁稳定流化床的报告,开始认识到这是一种新型反应器,具有流化床和固定床反应器的优点。后来又读到埃克森基础研究实验室主任在美国西北大学所作的一份报告,他把金属原子簇、液膜分离、磁稳定床作为长远研究的领域。这使我进一步认识到磁稳定床的重要意义。

20世纪60年代高活性的分子筛裂化催化剂出现后,首先是在原有催化裂化的流化床反应器中使用,反应时间为几分钟,由于反应时间过长,造成催化剂上更多积碳,选择性变坏,于是开发了提升管反应器,反应时间减少到几秒钟,使分子筛的高活性、高选择性得到了充分发挥。这使我认识到:一个新催化材料发现后,要配套开发新型反应器来充分发挥其优越性。因而在发明非晶态镍合金催化剂后,我开始思考如何开发配套的新反应器。由于非晶态镍合金具有优异的低温加氢活性,同时又具有磁性,正符合磁稳定床加氢催化剂的要求,于是联想到开展非晶态镍合金与磁稳定床集成的研究。

　　磁稳定床与固定床不同,又有别于常规流化床,有其自身的复杂性。这就需要去获得许多有关它的科学技术知识。为了掌握磁场对磁稳定床床层结构影响规律,给磁稳定床操作和设计提供依据,2000年建立了磁稳定床冷模实验装置。通过冷模研究,认识了磁稳定床的床层结构与磁场强度、催化剂物性、流体流速等操作参数的关系,得到了磁稳定床的操作相图。随磁场强度由小到大的变化,床层出现三种形式:散粒状态、链式状态、磁聚状态。床层在链式状态操作时,磁性颗粒的南北极性端排列有序,链与链间空隙均匀,不形成沟流,液固接触好,对反应有利。这些知识使我们认识到要控制磁稳定床操作,实现链式状态。设计一个均匀磁场的磁稳定床反应器还要取得优化线圈设计,优化线圈安装间距,设备磁格栅内构件,强制水冷等工程知识,最后把这些知识联想到一起,才将非晶态镍合金催化剂与磁稳定床反应器应用于己内酰胺加氢过程,首次在国际上实现工业化。

从以上对于非晶态合金催化剂和磁稳定床反应器开发过程的历史回顾，可以看出它的成功是对市场需要、科研开发经验、新催化材料、新反应工程、新反应、其他交叉学科和专业的知识等信息联想而来（如图11所示）。所以它的启示是：自主创新来自联想，联想源于博学广识和集体智慧。

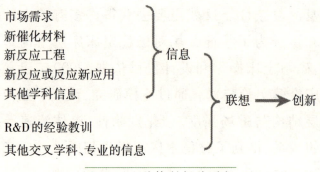

▲图11 科技创新的联想

归纳2005年国家技术发明一等奖"非晶态合金催化剂和磁稳定床反应工艺的创新与集成"案例对原始创新和集成创新的启示是：把原有技术的科学知识基础转移到全新的科学知识基础上，产生原始创新；学科交叉、融合，产生集成创新；自主创新往往来自联想，联想源于博学广识和集体智慧。

二、消化、吸收、再创新的案例——己内酰胺绿色成套技术的开发

ε-己内酰胺(简称己内酰胺)是生产锦纶6纤维和尼龙6工程塑料的单体,广泛应用于纺织面料、地毯、汽车部件、包装薄膜等制造业,在我国经济发展中是一种紧缺的重要化工原料。自2001年以来已连续四年进口数量超过300千吨,产品自给率仅约35%,并且需求仍在不断增长。目前,中国已成为世界上己内酰胺消费增长最快的国家,预计未来年增长率为7.1%左右。

中国石化巴陵分公司引进一套以苯为原料生产己内酰胺的5万吨/年装置,这是世界上采用最多的工艺,耗资25亿元人民币。中国石化石家庄化纤股份有限公司引进一套5万吨/年以甲苯为原料的装置,耗资35亿元人民币。

在2000年,由于国外己内酰胺倾销、贷款还息负担重、初期运转开停频繁等原因,这两套装置年亏损近4亿元。中国石化为使这两套装置扭亏增盈,除采取一系列财务政策、人员培训、加强管理等措施外,还对两套装置如何依靠技术创新,尽快实现扭亏脱困进行了专题调查和研讨,并组织科技攻关,以巴陵、石化纤为创新基地,利用近年来已开发的新工艺,制订了成套绿色技术开发方案,走消化、吸收、再创新的路线。

1. 巴陵分公司己内酰胺生产工艺的消化、吸收、再创新

己内酰胺生产有以苯酚、甲苯和苯为原料的不同工艺路线。由于石油化工工业的发展，提供大量廉价的苯，采用苯为原料成为占主导地位的生产工艺。巴陵分公司的己内酰胺生产就采用苯为原料，苯法生产己内酰胺的流程框图如12所示：

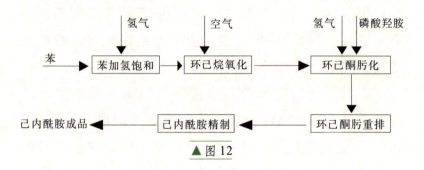

▲ 图 12

对巴陵石化苯法引进装置的消化、吸收、再创新，是利用多年导向性基础研究积累的仿生催化剂、钛硅分子筛、非晶态合金等新催化材料；连续搅拌釜反应器/无机膜过滤、磁稳定床等新反应工程；仿生催化环己烷氧化代替无催化剂氧化、环己酮氨肟化一步法合成环己酮肟代替四步法等新反应来进行创新攻关。目前已经取得下列进展：

（1）仿生均相催化环己烷制环己酮新工艺

新工艺具有流程短、反应条件温和，把转化率从原

来的3.5%提高至8%,减少了大量环己烷循环;同时选择性高,减少了碱分解产生大量的废水、废渣。可以不增加空气压缩机、换热器,只增加几个反应器,即可把现有7万吨/年装置改造为14万吨/年、节省大量投资。

(2)环己酮氨氧化制环己酮肟新工艺

以环己酮、氨和双氧水为原料,使用新型钛硅分子筛(HTS)催化剂,在连续式搅拌釜中一步"原子经济"代替引进装置的"四步法"反应合成环己酮肟(如图13),并采用膜分离技术实现催化剂与产物的分离,环己酮转化率和选择性好。与现有装置相比,省掉氨氧化、NOX吸收、Pd/C催化剂加氢等工序;不需要循环压缩机、空压机

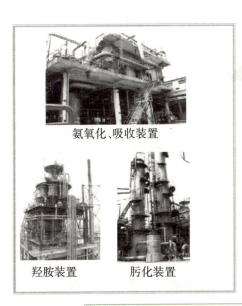
氨氧化、吸收装置

羟胺装置　　肟化装置

氨肟化装置

▲ 图13　原子经济反应代替原四步反应

等大型辅助设备，设备投资和能耗大大降低；反应条件温和、运行成本低、产品质量好、环境友好。7万吨/年工业装置已建成投产，投资为引进的21.1%，每吨己内酰胺原料降低644元。

（3）环己酮肟三级重排

建成环己酮肟三级重排反应和静态混合新工艺，达到进一步降低酸肟比，提高重排液质量，减少发烟硫酸和液氨的消耗，降低生产成本。目前已在10~12万吨/年的生产负荷下连续运转。

（4）己内酰胺精制

采用苯与水分离、苯与水旋转蒸发等新技术集成，再与高浓度己内酰胺磁稳定床加氢相结合，开发成功一套己内酰胺精制流程，比原有流程短、污染减少、消耗降低，特别是产品质量得到明显改善，优级品率大幅度提高，有利于开拓新市场。

采用上述创新工艺，减少了大量NOX、废水、废渣的排放，基本消除了环境污染。同时，巴陵分公司己内酰胺生产能力已扩建至14万吨/年，设备投资仅3亿元，为5万吨/年引进装置设备投资12亿元的1/4；实现扭亏为盈，从2003年亏损约1亿元，到2005年盈利约0.5亿元。

2. 石化纤甲苯法工艺的消化、吸收、再创新

石化纤的己内酰胺生产是采用甲苯为原料，甲苯法生产己内酰胺的流程图如14所示：

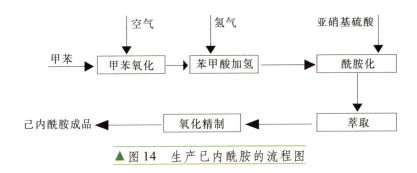

▲图14 生产己内酰胺的流程图

针对石化纤这套引进装置的特点，如何对它消化、吸收、再创新？决定根据装置的现状和导向性基础研究取得的进展去创新。利用的新催化材料有非晶态镍合金，新反应工程有超临界CO_2反应工程再生Pd/C催化剂、磁稳定床反应器，新反应有非晶态镍合金对苯甲酸加氢中微量CO的甲烷化、六氢苯甲酸——环己酮肟联产己内酰胺组合反应、磁稳定床己内酰胺加氢精制代替$KMnO_4$氧化精制。取得再创新的成果有：

（1）在己内酰胺苯甲酸加氢装置上使用非晶态镍甲烷化助剂有效解决了CO在Pd表面的吸附而引起的Pd催化剂的可逆失活。同时采用超临界CO_2再生失活后Pd/C催化剂，大大减少了贵金属Pd的消耗和装置中藏量。

（2）成功开发出拥有自主知识产权的六氢苯甲酸—环己酮肟联产己内酰胺组合工艺技术，使用甲苯法工艺酰胺化反应液中11%浓度的SO_3进行苯法生产的环己酮肟Beckmann重排。组合工艺可使副产硫铵数量由原来的3.8吨/吨己内酰胺降低至1.6吨/吨己内酰胺以下,成为目前己内酰胺工艺中副产硫胺最少的技术。

(3)以磁稳定床己内酰胺加氢精制新技术替代高锰酸钾氧化精制工艺(如图15)。从源头根治了$KMnO_4$氧化中的MnO_2废渣、废水等引起的环境污染,还降低了己内酰胺产品损失。

目前石化纤己内酰胺装置正扩建到16万吨/年,设备投资4亿元,为原引进5万吨/年装置设备投资20亿元的1/5。上述成果已在工业生产中应用,并实现扭亏为盈,从2003年亏损3亿元到2005年盈利1.2亿元,同时大幅度降低生产过程中的废气、废水和废渣的排放。

由于一系列财务、管理措施和市场价格的提升,再加上成套己内酰胺生产新技术的应用,中国石化巴陵分

磁稳定床加氢精制装置

原引进的氧化精制装置

▲ 图15 磁稳定床加氢精制代替氧化精制装置

公司和石家庄化纤股份有限公司,已经从2003年的亏损转化为2005年的赢利。回顾己内酰胺成套技术开发过程,对引进技术的消化、吸收和再创新的经验可总结为:

(1)针对企业生存、竞争和长远战略发展的核心技术,以企业为创新基地,以建设第一套具有自主知识产权的工业示范装置为目标,是调动科研、设计和生产等单位自主创新积极性的关键。

(2)围绕提升企业核心技术和战略发展的有关科技前沿领域,超前部署,开展导向性基础研究,积累科技新知识,帮助形成发明新构思,是自主创新的基础。

(3)石油化工催化技术自主创新的科技前沿领域是:新催化材料、新反应工程和新反应。这些是开发自主创新石油化工催化剂技术的"新式武器"。新催化材料是新催化剂和新工艺原始创新的源泉,新反应工程是开发新工艺的重要途径,新反应是形成新工艺的基础,新催化材料与新反应工程相结合往往能带来集成创新。因此,必须在新催化材料、新反应工程和新反应的科技前沿开展导向性基础研究和开拓性探索,寻找和积累"新式武器"。

(4)在寻找和积累"新式武器"过程中,国家科技部和国家自然科学基金委员会的基础性研究项目是调动全国优势科研力量、实现产学研相结合开展自主创新的关键,同时企业参加联合资助有利于贴近市场、贴近生

产,并且加速把创新成果转化为生产力。在开发己内酰胺成套技术过程中,有下列中国石化参加的联合资助:

① 国家基金委"九五"重大项目"环境友好石油化工催化剂与化学反应工程";

② 科技部《国家重点基础研究发展规划》"石油炼制和基本化学品合成的绿色化学";

③ 国家自然科学基金委"己内酰胺生产中关键技术创新与基础研究"重点项目。

（5）对第一套工业示范装置,根据中国石化"十条龙攻关"多年积累的经验,以企业牵头,组织产、学、研三结合,科研、设计、施工、生产四结合,可以大大加速创新成果转化为生产力。

（6）上述导向性基础研究和攻关会战,有利于高等院校和科研院所的科研人员了解市场、了解生产,也有利于企业的技术人员了解相关科技前沿的最新动态,是培养创新人才的一条途径。

（7）对引进装置成套技术的消化、吸收、再创新,要实行整体规划,分期实施,不断提高创新水平,努力追求原始创新。如在苯法的环己酮肟重排制备己内酰胺反应中,先是立足于已有工艺基础,从原来的"一段重排"进行技术革新,将其改造为"三段溶剂重排",以减少发烟硫酸用量;后又安排开展离子液体代替发烟硫酸作催化剂进行重排反应,至今在离子液体的重复利用上没有突破;然后又研究采用分子筛催化的固定床气相重排反应来根除发烟硫酸,省去原有工艺配套的副产硫胺装置,还可减少无机杂质,简化己内酰胺精制流程,向原始创新迈进。随着科技前沿领域的进展,对成套技术的每套装置要不断开发创新工艺,追求原始性创新从而在市场竞争中形成压倒性优势。

三、西游记主题曲的启示

西游记的主题曲是:"你挑着担,我牵着马,迎来日出送走晚霞。踏平坎坷成大道,斗罢艰险又出发,又出发。你挑着担,我牵着马,翻山涉水两肩霜花。风云雷电任叱咤,一路豪歌向天涯,向天涯。啦……啦……一番番春秋冬夏,一场场酸甜苦辣。敢问路在何方,路在脚下。"

这里面有两种精神,一是"你挑着担,我牵着马"的各尽所能的团队精神;另一是"迎来日出送走晚霞。踏平坎坷成大道,斗罢艰险又出发,又出发。""翻山涉水两肩霜花,风云雷电任叱咤"和"一番番春秋冬夏,一场场酸甜苦辣。"的坚持到底的精神。这是我们走自主创新之路,攀登科技高峰不可缺少的。

开发上述两个案例,"非晶态合金催化剂和磁稳定床反应工艺的创新与集成"历时20年,"己内酰胺成套技术开发"也历时十几年。这些项目的研发过程中遇到人员组织、条件等困难，还有技术上的失败和挫折。例如，在非晶态合金的研究中，最初选择了共熔点低、易于急冷法制备的Ni-B、Ni-P非晶态合金体系，但它们加氢活性不理想。后来转到Ni-Al合金体系，但又遇到Ni-Al合金共熔点高、黏稠等困难，后又设计了特殊结构的急冷设备才获得解决。非晶态合金在己内酰胺加氢精制装置上试用的初期，还遇到催化剂流失、失活等挫折。最初研究了磁稳定床重整抽余油加氢精制，但发现与固定床贵金属催化剂加氢相比优越性不大，后用于己内酰胺加氢精制，才走上实现原始创新和集成创新的康庄大道。

己内酰胺绿色成套技术开发过程中也经历了各式各样的挫折、失败。例如，在钛硅分子筛催化环己酮氨肟化反应中，发现粉状钛硅分子筛会沉积在管道上，后来通过更换管道材质、调整流体线速才解决了这一难题；在环己酮氨肟化装置的运转初期，钛硅分子筛失活比较快，后来发现在反应液体中出现微量杂质的失活前兆时加以处理，就可以延长运转周期。

这其中的酸甜苦辣，我总结如下：

> 市场需求，好奇推动，苦苦思索，趣味无穷；
> 灵感突现，豁然开朗，发现创新，十分快乐；

高兴之余,烦恼又起,或为人员,或为条件;

试验挫折,好似吃"麻辣烫",又辣又爱,坚持下去,终获成果。

从以上两个案例的开发中,还可以看到:

1. 中国科技人员有信心、有志愿、有能力去走科技自主创新之路,也有我国走自主创新的独特途径和优势。

2. 在自主创新过程中,各尽所能、发挥优势、团结协作、克服失败挫折、坚持到底,才能取得最后胜利。

参考文献(略)

▲现代化的石化厂

▼壳牌石油公司位于加州的炼油厂

编辑说明

　　这套书中的个别报告曾经在其他场合讲过,或曾经在其他刊物发表,为了保持报告完整性并加以更广泛的科普宣传,仍将其收入书中。为了统一风格,所附参考文献不再列出,敬请谅解。

　　书中所配插图主要系编辑所加,其中大部分取得了版权所有者的授权。由于时间紧急,个别图片尚未联系到版权人,敬请图片作者与北京大学出版社联系。联系电话(010)62767857。